环境科学本科专业核心课程教材

U0455668

ENVIRONMENTAL
Monitoring Experiment

环境监测实验

胡 敏 郭 松 王 婷 谢曙光 ◎编著

北京大学出版社
PEKING UNIVERSITY PRESS

图书在版编目（CIP）数据

环境监测实验 / 胡敏等编著 . —北京：北京大学出版社，2022.6
环境科学本科专业核心课程教材
ISBN 978-7-301-32874-3

Ⅰ.①环… Ⅱ.①胡… Ⅲ.①环境监测—实验—高等学校—教材
Ⅳ.①X83-33

中国版本图书馆CIP数据核字（2022）第025849号

书　　　名	环境监测实验
	HUANJING JIANCE SHIYAN
著作责任者	胡敏　郭松　王婷　谢曙光 编著
责 任 编 辑	王树通
标 准 书 号	ISBN 978-7-301-32874-3
出 版 发 行	北京大学出版社
地　　　址	北京市海淀区成府路205号　100871
网　　　址	http://www.pup.cn　　新浪微博：@北京大学出版社
电 子 信 箱	zye@pup.cn
电　　　话	邮购部 010-62752015　发行部 010-62750672　编辑部 010-62764976
印 刷 者	大厂回族自治县彩虹印刷有限公司
经 销 者	新华书店
	787毫米×980毫米　16开本　20印张　312千字
	2022年6月第1版　2022年6月第1次印刷
定　　　价	60.00元

自 序

　　"环境监测实验"是环境科学与工程专业本科生的必修课，具有学科交叉性强、知识和技能涵盖领域广的特点，是连接环境监测理论与环境科研实践的桥梁，也是从理论到实验、实践的必经之路，对于树立环境思想有重要作用。"环境监测实验"承接"环境监测"理论课程，以分析化学、仪器分析实验课为基础，针对环境空气／室内空气、水体水质、土壤等不同环境介质的特点进行采样或取样，便于学生掌握相应的监测方法，使学生得到基本实验技能的训练，养成良好的实验习惯，培养科学思维和创新意识，提高分析问题和解决问题的能力，为本科生科研和论文撰写打下基础。实验内容覆盖环境大气和室内空气污染物、水体水质和土壤中污染物的测定，既与我国环境监测系统的监测方法相衔接，又借鉴了国际上相关监测方法。

　　《环境监测实验》共分四部分：第一部分大气监测 14 个实验；第二部分水质监测 12 个实验；第三部分土壤监测 3 个实验；第四部分综合实验设计 2 个实验。在实验之前的第一次课是实验室安全。

　　每一个实验都独立成章，又与其他实验一起构成完整的体系。每个实验包括背景、实验目的、实验原理、实验设备与材料、实验步骤、质量控制与质量保证、思考题、常见问题、小知识、参考文献等。力求具有以下特色：

　　（1）不拘泥于每一个实验本身，阐明实验监测的内容在解决环境污染问题中发挥的作用，结合科研项目实例说明该实验的实用性，从而开阔学生的视野，培养学生解决环境污染问题的科研兴趣和积极性。

（2）立足于常规监测项目。常规监测项目用来衡量环境空气、水体和土壤质量，是环境监测部门的主要任务，选择有代表性的常规监测项目作为实验内容，涵盖大气、水、土壤环境的监测。这些项目方法比较成熟，有相应的国家环境保护标准及对应的监测方法和规范，有助于加强对环境空气质量等内容的认识和感知。通过这些实验的训练，使学生掌握常规分析仪器的使用方法，具备用国标法规范化测定常规监测项目的能力。

（3）增设综合性实验和设计性实验，是培养学生综合分析、创新和创造能力的重要途径。如大气复合污染综合观测和校园内湖水水质调查。综合性实验涉及的知识面宽，需要掌握多种实验技能。设计性实验是从解决某一个污染问题出发，通过文献查询、设计实验完成的。这两类实验能够培养学生的探索精神，锻炼学生解决问题的能力，增强创新意识，提高科学素养。

（4）环境监测实验的教材不多，内容更新缓慢，难以适应当前环境监测理念的更新和环境监测技术的进步。加上环境监测项目繁多，常常有多种可供选择的方法，即对同一监测项目有不同的监测方法。本教材中保留了一些传统实验，通过比较传统方法与仪器分析方法在准确度、精度、适用范围、外场观测适用性等方面的异同，引导学生思考环境监测技术的进步。

（5）强调环境监测全过程的技能训练，包括监测方案制订—监测时间和频次的选择—站点布设—采样—保存—样品前处理—分析测试—数据处理—监测结果分析—实验报告。

（6）启发学生动手又动脑，教材中的思考题让学生在预习实验和写实验报告的时候多思考。思考题涉及实验的难点和容易出错的环节，以及实验在解决环境问题中的应用等，能够启发学生带着问题做实验，激发学生的科研兴趣。

（7）大数据、人工智能、传感器和在线质谱等技术不断涌现。在教材编写过程中，也将新技术、新方法和新趋势加以介绍，开阔学生视野和拓展知识面。在监测数据处理过程中，加强结合历史数据、不同代表性点位的时空变化趋势和特征的对比分析，加强结合气象条件、源排放（排放污染物、强度、时间变化、空间位置和高度等）的变化规律的分析，加强运用数据处理软件（如 Origin）、化学分子结构绘图软件（ChemSketch 等）综合分析数据结果。

（8）拓展和延伸环境监测到本科生科研和论文写作中，更好地提高学生环境监测的兴趣和科研热情。

环境监测实验在培养学生实验动手能力、环境监测数据分析能力和形成科学素养等方面发挥着不可替代的作用，是一流大学建设中培养高素质应用型人才的重要途径和环节。

本教材由胡敏总策划及统稿，郭松、王婷和谢曙光分别负责大气监测、水质监测和土壤监测相关内容的编写，刘文、陆思华和汪琳琳三位老师以及王辉、张子睿、俞颖、宋锴、胡淑雅、王甜甜、陈景川、夏士勇、柯彦楚等博士研究生参与了编写工作。北京大学环境科学与工程学院 2019 级和 2020 级本科生对教材试用版进行了勘误，在此感谢所有为本教材做出贡献的老师和同学们。

由于作者水平有限，书中难免存在不足之处，敬请各界专家和读者批评指正。

胡敏

2021 年 12 月

目　录

第四部分 综合实验设计

附　录

实验室安全

实验室是教学和科研的主要场所。在化学实验中，经常使用各种化学药品、仪器设备以及水、电、气，还会经常遇到高温、低温、高压、真空等实验条件和仪器，存在着爆炸、着火、中毒、灼伤、割伤、触电等事故的危险性。若缺乏必要的安全防护知识，不遵循相关实验安全规范，可能会造成各种实验室事故，威胁自身和他人安全，造成巨大经济损失。因此通过实验室安全教育，让学生掌握实验室安全基本知识、防护方法，提高事故救援与自救技能，在实验中逐步养成规范、科学、安全的实验习惯，可有效预防实验室事故，保障安全健康。

【实验室防护】

一、实验室常用的防护用品

实验室常用的防护用品主要有防护眼镜、防护手套、防护服和防护面具等。

1. 防护眼镜

化学实验室发生在眼睛上的事故的概率大于其他事故，所以，采取保护眼睛的措施是很重要的。防护眼镜应根据实验室的任务、性质来选购。一般应选购耐用、耐腐蚀、机械和光学性能好而又轻便的防护眼镜。

2. 防护手套

在进行有危险的化学操作时必须佩戴合适的防护手套。选用的手套应能起到防腐、防渗、防烫等作用。如：接触 $NaOH$、$HClO_4$、HNO_3 用乙烯树脂或氯丁橡胶手套；接触 $CHCl_3$、CCl_4、H_2SO_4 用天然橡胶或氯丁橡胶手套；接

触 H_2O_2、CH_3COOH、$NH_3 \cdot H_2O$ 可用各种橡胶手套。

3. 防护服

在实验过程中应避免皮肤和日常着装不受化学试剂的污染，因此实验过程中应穿防护服。防护服主要有四类。① 一般类：厚帆布、劳动布等；② 防强酸类：橡胶、塑料等；③ 防强碱类：麻布、厚帆布、塑料等；④ 防热类：石棉、皮等。

4. 防护面具

防护面具是保护上呼吸道的一种用具，在面具滤毒器中根据需要装有各种吸附剂。

二、实验室常用的防护设施

实验室常用的防护设施主要有通风柜或通风罩、紧急洗眼器和喷淋器（图 1）。

1. 通风柜或通风罩

用于防止实验人员直接吸入有毒气体，防止污染周围环境，保障实验者

图 1　通风柜、通风罩、紧急洗眼器和喷淋器

3

和周围人员的健康。使用时应注意：所有涉及挥发性毒物（含刺激性物质）的操作都必须在通风柜中进行，仪器分析实验过程中存在有毒尾气挥发或排放的，应打开通风罩；一般情况下通风柜中不应放置大件设备，不要堆放试剂或其他杂物，以保障排风不受阻碍；操作过程中不可将头伸进通风柜，化学反应过程中应尽量使柜门放得较低。

2. 紧急洗眼器和喷淋器

在化学实验过程中，当眼部受到灼伤时，急救应该分秒必争。实践证明，眼睛被化学品灼伤时，最好的方法是立即使用紧急洗眼器，用大量的细水流冲洗，注意避免水流直射眼球，同时不要揉搓眼睛，以免药品侵入黏膜使伤势加剧。如不慎烫伤或烧伤时，作为急救处理措施，进行冷却是最为重要的，此一措施要在受伤现场立刻进行，采用紧急喷淋器进行喷淋，冷却水的温度在 10~15℃为宜。

【消防安全知识】

燃烧是指可燃物与助燃物作用发生的放热反应，通常伴有火焰、发光和（或）发烟的现象。在时间或空间上失去控制并造成了人身和（或）财产损害的燃烧现象就称为火灾。燃烧具有三要素：可燃物、助燃物和引火源（温度）。燃烧按其发生条件和瞬间发生特点，可分为闪燃、着火、自燃和爆炸四种类型。

燃烧的产物主要指燃烧生成的气体、可见烟等物质以及热量。火灾对人体主要的危害是烧伤、窒息和吸入气体中毒。火灾统计表明，火灾中死亡人数大约80%是由于吸入火灾中燃烧产生的有毒烟气而致死的。火灾产生的烟气中含有大量有毒成分，如 CO、CO_2、SO_2、NO_2、氰化物等。CO 是火灾中致死的主要燃烧产物之一，其毒性在于对血液中血红蛋白的高亲和性，其对

血红蛋白的亲和力比 O_2 高出 250 倍，能阻碍人体血液中的 O_2 输送。

火灾事故与其他事故相比具有以下特点。① 严重性：易造成重大伤亡事故和重大经济损失；② 突发性：往往在人们意想不到或是人们消防意识淡薄的时候发生；③ 复杂性：发生事故的原因多种多样，有明火、化学反应热、高温、摩擦等，可燃物可以是气体、液体、固体等，不同的着火源和可燃物扑救的方法也有所不同。

根据燃烧性质的不同，火灾可分为 A、B、C、D、E、F 六类。A 类火灾：指固体物质火灾，如木材、纸张、棉、毛等；B 类火灾：指液体火灾和可熔化的固体物质火灾，如汽油、C_2H_6O、CH_3OH 等；C 类火灾：指气体火灾，如天然气、CH_4、C_2H_6、C_3H_8、H_2 等；D 类火灾：指金属火灾，如金属 K、Na、Mg、铝镁合金等；E 类火灾：指带电火灾；F 类火灾：指烹饪器具内的烹饪物（如动植物油脂）火灾。

如果遇实验室着火，不要惊慌，而是要冷静、果断、迅速地采取措施，在报警的同时，及时通知相邻房间的人员撤离，在自己能安全撤离的情况下采用正确的灭火方法积极进行扑救。灭火的基本原则是：① 应尽快切断电源或燃气源，移走火点附近的可燃物，隔绝空气，降低温度，用石棉布或湿抹布、砂土等压盖扑灭；② 设法阻拦流散的易燃、可燃液体，对密闭条件较好的小面积室内火灾，在未作好灭火准备前，应先关闭门窗，以阻止新鲜空气进入，防止火灾蔓延；③ 回流加热时，如因冷凝效果不好，易燃蒸气在冷凝器顶端着火，应先切断加热源，再行扑救，绝不可用塞子或其他物品堵住冷凝管口；④ 若敞口的器皿中发生燃烧（如油浴着火），应尽快先切断加热源，设法盖住器皿口（最好用石棉布）隔绝空气，使火熄灭；⑤ 扑救产生有毒蒸气的火情时（如 CH_3OH、C_6H_6、C_7H_8、$CHCl_3$、CS_2 等发生火灾），要特别注意防毒。

对于火灾初起阶段，一般火烧面积小，火势较弱，在场人员如果能采取正确的方法，就能将火扑灭。发生火灾的单位除应立即报警外，还必须立即组织力量扑救火灾，及时抢救人员生命和公私财产，这对防止火势扩大、减少火灾损失具有重要的意义。图 2 给出了常用灭火器的种类和适用范围。

《消防法》规定：任何人发现火灾都应当立即报警；任何单位、个人都应当无偿为报警提供便利，不得阻拦报警；严禁谎报火警。发现火灾后，应立

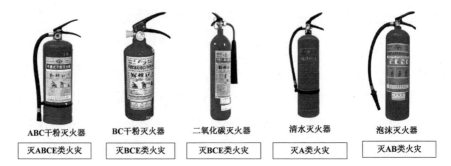

ABC干粉灭火器	BC干粉灭火器	二氧化碳灭火器	清水灭火器	泡沫灭火器
灭ABCE类火灾	灭BCE类火灾	灭BCE类火灾	灭A类火灾	灭AB类火灾

图2　常用灭火器的种类和适用范围

即拨打火警电话"119"。报警时应准确报出起火的详细地址（路名、街区名、门牌号）及周围标志性建设等；简要说明火灾的性质、火势大小、人员、财产受损状况；留下姓名、联系方式；挂断电话后，通知有关人员到大门或路口迎接消防车到来。

　　大多数火灾死难者是因缺氧窒息和烟气中毒，而不是直接烧死。因此如果错过了初起灭火的时机或初起灭火失败，处于被烟火包围之中，首要的任务是设法逃走。可采取俯身行走、伏地爬行、用湿毛巾蒙住口鼻等措施，这样可减少烟毒危害。如果衣服着火，应设法把衣服脱掉，也可卧地打滚或以毯子等物蒙盖，不应慌张跑动，使火焰加大，若就近有水或灭火器，可直接向身上喷洒。如疏散通道被大火封堵无法撤离时，应退回房间内，关闭通往火区的门窗，有条件时可以向门窗上浇水，以延缓火势蔓延。如烟雾太浓，可用湿毛巾等捂住口鼻，但不宜呼叫，防止烟雾进入口腔，同时可向室外扔出小东西，在夜晚可向外打手电，发出求救信号。必要时采取一切措施进行自救。

【化学品的正确使用和安全防护】

　　在实验过程中，需要经常接触各种试剂，包括无机和有机试剂，其中很多是有毒性的。在操作过程中实验反应所产生的某些气体或烟雾，也常常是有毒性的。另外在工作中还会偶尔发生烧伤、烫伤、炸伤等事故，所以应该对所使用的化学药品的性能及使用方法有所了解，并具备一定的安全防护知识，尽量避免事故的发生。一旦发生事故，能采取紧急处理措施，减小损失。

一、化学品定义和分类

根据国家《危险化学品安全管理条例》，危险化学品是指具有毒害、腐蚀、爆炸、燃烧、助燃等性质，对人体、设施、环境具有危害的剧毒化学品和其他化学品。根据《常用危险化学品的分类及标志》（GB 13690—92）、《化学品分类和危险性公示通则》（GB 13690—2009）的规定，将化学危险品根据其特征和生产、运输、使用时便于管理的原则分为八类：爆炸品、压缩气体和液化气体、易燃液体、易燃固体、自燃物品和遇湿易燃物品、氧化剂和有机过氧化物、有毒物、放射性物品和腐蚀品。

二、化学品的一般使用原则和注意事项

实验前应了解所用药品的化学性质和防护措施，不能使用不了解性质的化学药品；使用化学试剂前应核对标签，对没有标签的试剂，未经确切验证之前决不能使用；药品的放置要井然有序，取用方便；进行有毒物质实验时，如蒸发各种酸类，用 HNO_3、$HClO_4$ 等消解样品，倾倒浓酸、浓氨水，灼烧有毒物质的样品，以及使用有毒气体等均应在通风柜中进行操作，并保持室内通风良好，必要时应戴防护面具；取用药品时，不能用一种工具不经擦净连续取几种药品，因为这样不仅会污染药品，而且会发生意外，要逐一取用药品，一经取出的药品就不能再倒回去，取用时动作要快，不能开盖过久，以免污染药品；使用后危险废弃物应按照规定妥善处理；实验室内不得放置食物、饮料、餐具，严禁在实验室内进食、烹煮，不得用烧杯或其他实验用具

喝水，离开实验室要洗手；严禁将毒品、化学品带出实验室，拿到家中或其他生活场所；实验操作过程中如发现头晕、无力、呼吸困难等症状，即表示可能有中毒现象，<u>应立即离开实验室，必要时应到医院诊治。</u>

三、防中毒

实验室接触毒物造成中毒的可能发生在取样、管道破裂或阀门损坏等意外事故中，样品溶解时通风不良以及有机溶剂萃取、蒸馏等操作中也可能发生意外。

中毒分为急性中毒、亚急性中毒和慢性中毒三类。急性中毒是指大量毒物突然进入人体，迅速中毒，引起全身症状甚至死亡。亚急性中毒介于急性与慢性之间。慢性中毒是指小量毒物逐渐侵入人体，日积月累，慢慢引起中毒。毒物侵入人体通过呼吸道、消化道和皮肤黏膜三个途径。

接触有毒气体的实验，一般要在通风柜内进行操作，操作人员应戴上口罩、橡皮手套、防护眼镜或防护面罩等，准备一些急救药品。

涉及酸类的实验操作要谨慎小心，防止溅伤和腐蚀皮肤、衣物等，要穿好工作服，戴好手套等；操作氢氟酸时必须戴橡皮手套，防止氢氟酸的强腐蚀作用；要在通风柜中操作，尤其是用它们进行热分解试样时；如果溅到身上，应立即用水冲洗，溅到实验台上或地面上时要用水稀释擦掉；稀释浓硫酸时，必须在硬质耐热烧杯或锥形瓶中进行，只能将浓硫酸慢慢注入水中，边倒边搅拌，温度过高时，应等冷却后再继续进行，严禁将水倒入硫酸中。

涉及碱类的实验操作要谨慎小心，防止溅伤和腐蚀皮肤、衣物等；要穿好工作服，戴好手套等；用它们进行热分解试样时，要在通风柜中操作；如果溅到身上，应立即用水冲洗，溅到实验台上或地面上时要用水稀释擦掉。

四、防火

实验室内常使用易燃物质，实验中也经常产生易燃物质，如果对此缺乏足够的认识，就会发生火灾。易燃性化学品主要包括易燃液体、易燃固体、遇湿易燃物质、自燃物质。

1. 易燃液体

易燃液体指易燃的液体、液体混合物或含有固体物质的液体，闪点低于规定温度。易燃液体根据其危险程度分为两级。① 一级易燃液体：闪点在 28 ℃以下。如 $C_2H_5OC_2H_5$、石油醚、CH_3OH、C_2H_5OH、C_6H_6、C_7H_8、CH_3COCH_3、$C_4H_8O_2$、CS_2、$C_6H_5NO_2$ 等。② 二级易燃液体：闪点在 29~45 ℃。如煤油、$C_4H_{10}O$、$C_5H_{12}O$ 等。易燃液体具有高度易燃性，闪点低，与火接触能迅速燃烧，甚至与火焰相隔一定距离也会立刻引起燃烧；具有挥发性，常温时即不断挥发出极易燃烧的蒸气，并且有些蒸气具有毒性；具有爆炸性，所挥发的蒸气达到一定浓度后，一遇火星即会发生爆炸；具有高度流动扩散性，黏度小，一旦泄漏会很快向四周流散，从而加快了液体的蒸发速度，加大了燃烧或爆炸的危险性。

易燃液体在操作时应注意：操作、倾倒易燃液体时，要远离明火及其他热源，不得在明火或电炉上直接加热，而应在水浴或电热套中加热，加热沸点在 80 ℃以下的 $C_2H_5OC_2H_5$、CS_2、CH_3COCH_3、石油醚、C_2H_6O、$CHCl_3$ 等，必须用水浴加热，而且只能从冷水开始加热，加热沸点在 80 ℃以上的液体可采用可调温度的电热套、油浴等；危险性大时，应在通风柜内进行；瓶塞打不开时，不可用火加热或冒然敲击；加热反应或蒸发过程中，操作者不可长时间离开，以防发生意外事故；开启试剂瓶时，瓶口不得对向人体；设置专用储器收集废液，不得弃入废物缸或下水道，以免引起爆燃事故。

2. 易燃固体

易燃固体指燃点低，对热、撞击、摩擦敏感，易被外部火源点燃，燃烧迅速，并可能散发出有毒烟雾或有毒气体的固体。不包括已列入爆炸品的物品。

9

使用和存放易燃固体注意事项：应储存在通风、阴凉、干燥处，远离火源；不得与酸、氧化剂等物质同库储存；使用时轻拿轻放，避免摩擦和撞击，以免引起火灾；大多数燃烧后会产生有毒物质，扑救时应注意防毒。

3. 遇湿易燃物质

遇湿易燃物质系指遇水或受潮时，发生剧烈化学反应，放出大量易燃气体和热量的物质。有的不需明火，即能燃烧或爆炸。如碱金属（K、Na）、碱土金属及其氢化物，卤化物（PCl_5、PCl_3）等。

使用和存放遇湿易燃物质注意事项：不得与酸、氧化剂混放，包装必须严密，不得破损，以防吸潮或与水接触；金属 Na、K 必须浸没在煤油中保存；不得与其他类别的危险品混合存放，使用和搬运时不得摩擦、撞击、倾倒。遇湿易燃物质大多数具有腐蚀性，能灼伤皮肤，有些毒性很大，要注意防毒。

4. 自燃物质

自燃物质是指自燃点低，在空气中易发生氧化反应、放出热量而自行燃烧的物品，如白磷等。

使用和存放自燃物质注意事项：应储存在通风、阴凉、干燥处，远离明火与热源，防止阳光直射且应单独存放；避免与氧化剂、酸、碱等接触；使用时轻拿轻放；避免受潮。

五、防爆

爆炸品是指在外界作用下（如受热、受压、撞击等），能发生剧烈化学反应，瞬时产生大量气体和热量，使周围压力急骤上升，发生爆炸，对周围环境造成破坏的物品，也包括无整体爆炸危险但具有燃烧、抛射及较小爆炸危险的物品。

实验室常见的爆炸品主要有：

1. 含有一种不稳定的爆炸基团类化合物，这种基团在外界能量的作用下

易被活化，从而激发爆炸反应，如乙炔类化合物（如 Ag_2C_2、HgC_2）、叠氮或重氮化合物（如 PbN_6）、氯酸或过氯酸化合物（如 $HClO_4$）、硝基化合物（如 $C_7H_5N_3O_6$、$C_6H_3N_3O_7$）等。

2. 可（易）燃气体与助燃气体的爆炸性混合气体，如 H_2、CH_4、C_2H_2、液化气、$C_2H_5OC_2H_5$、易燃液体蒸气；助燃气主要有空气、O_2、NO、NO_2 等。

3. 单一组分气体，在分解时产生的热量能引起爆炸与燃烧，如 C_2H_2、C_2H_4、NO_2、C_2H_4O 等。

4. 氧化性物质与还原性物质相遇受冲击、受热致爆类化合物，如过氧化物与 Mg、Zn 或 Al，Na 或 K 与水，铝粉与 $(NH_4)_2S_2O_8$ 遇水，氯酸盐及高氯酸盐与 H_2SO_4 等。

在使用和操作这类化合物时应遵循以下原则：① 熟悉所使用物质的爆炸危险性质、影响因素与正确处理事故的方法；② 危险物的用量应尽量减少，只要不妨碍正常操作，并足以获得可靠的结果即可；③ 操作爆炸危险物质时，不能直接用火加热；④ 不得使用磨口塞玻璃瓶，以免由于启、闭磨口塞而引起爆炸事故，可使用软木塞、橡皮塞或塑料塞，且应洁净；⑤ 及时销毁爆炸危险物质的残渣，去掉危险源；⑥ 干燥爆炸危险物质时，不得关闭烘箱门，且宜使用 N_2 等惰性气体保护。

六、废弃物质处理

实验过程中会产生"三废"，其中大多数废气、废液、废渣都是有毒物质，其中还有些是剧毒物质和致癌物质，如果直接排放，就会污染环境，损害人体健康。所以尽管实验过程中所产生的废液、废气量少，由于复杂性仍需经过必要的处理才能排放。作为环境工作者，更应注重此类问题的处理。

废弃物质处理、收集、储存时需遵循以下原则：① 少量有毒气体可通过排风设备排出室外，被空气稀释。毒气量大时必须经过吸收处理后才能排出。如氮氧化物、SO_2 等酸性气体可用碱液吸收。② 对于较纯的有机废液可收集后采取蒸馏等方式进行提纯，回收再用。③ 普通废弃试剂，可由实验室暂时

集中存放，存放达一定量后，与有毒试剂处理单位联系处理。要选择没有破损及不会被废液腐蚀的容器进行收集。贴上明显的标签，注明所收集的废液的成分及含量，并置于安全的地点保存。特别是毒性大的废液，尤其要十分注意。

【高压气瓶使用安全知识】

化学实验中会经常用到高压气体钢瓶，由于内部压力较高，使用不当会导致各种事故发生甚至造成严重后果，需掌握有关常识和操作规程。

一、气体钢瓶的颜色标记

国家法规和标准规定气体钢瓶（简称气瓶）要漆色，包括瓶色、字样、字色和色环。气瓶漆色的作用除了保护气瓶、防止腐蚀、反射阳光等热源、防止气瓶过度升温以外，还为了便于区别、辨认所盛装的介质，防止可燃或易燃、易爆介质与氧气混装形成混合气体而发生爆炸事故，有利于安全。我国气体钢瓶常用的标记见表1。

表 1　高压气体钢瓶的标识

气体类别	瓶身颜色	标字颜色	字样
氮气	黑	黄	氮
氧气	天蓝	黑	氧
氢气	深绿色	红	氢
压缩空气	黑	白	压缩空气
氦	灰	白	氦
氯	草绿	白	氯
乙炔	白	红	乙炔
二氧化碳	黑	黄	二氧化碳
甲烷	红	白	甲烷

二、高压气瓶的使用方法

1. 在钢瓶上装上配套的减压阀（图3），验漏。检查减压阀是否关紧，方法是逆时针旋转调压手柄至螺杆松动为止。

2. 打开钢瓶总阀，此时高压表显示出瓶内储气总压力。

3. 慢慢地顺时针转动调压手柄，至低压表显示出实验所需压力为止。

4. 停止使用时，先关闭总阀，待减压阀中余气逸尽后，再关闭减压阀。

图3　高压气体钢瓶减压阀

三、高压气瓶使用注意事项

1. 确定气瓶有正确的标记，确认气体种类、检验周期等，进行必要的检漏，固定存放使用。

2. 气瓶使用前应先安装减压阀和压力表。定期检查减压阀。橡胶管路要定期检查，防止橡胶老化。

3. 搬运时要旋上钢帽，使用专用的手推车。

4. 气瓶应远离热源、火源和电气设备。

5. 钢瓶应存放在阴凉、干燥、远离热源的地方。可燃性气瓶应与氧气瓶分开存放，使用时必须固定。

6. 使用时应装减压阀和压力表。可燃性气瓶（如 H_2、C_2H_2）气门螺丝为反扣（左旋），不燃性或助燃性气瓶（如 N_2、O_2）为正扣（右旋）。各种压力表一般不可混用。

7. 不要让油或易燃有机物沾在可燃性气瓶上（特别是气瓶出口和压力表上）。

8. 开启总阀时，不要将头或身体正对总阀，防止阀门或压力表冲出伤人。

9. 不可把气瓶内气体用光，应留余压约 0.2 MPa，至少不低于 0.05 MPa。如将钢瓶内气体用完，空气或其他气体就会进入气瓶，重新充气时，不但会影响气体纯度，还会发生危险。

【实验室安全用电】

违章用电常常可能造成人身伤亡、火灾、损坏仪器设备等严重事故。实验室里使用的电器较多，所以要特别注意安全用电。

安全电压是为了防止触电事故，而采用由特定电源供电的电压系列。根据环境、人员和使用方式，我国规定安全电压是 42 V、36 V、24 V、12 V 和 6 V 5 种，常用安全电压是 36 V、12 V。凡对地电压在 250 V 及以上的为高压。在交流系统中，1 kV、3 kV、6 kV、10 kV、35 kV 等都属于高压；在直流系统中 500 V 即为高压。凡对地电压在 250 V 以下的为低压。交流系统中的 220~110 V 和三相四线制的 380 / 220 V 及 220 / 110 V 中性点接地系统均为低压。

一、电流对人体造成的伤害

电流对人体造成的伤害主要表现为：① 电击，电流通过人体时对体内组织器官、神经系统造成损害，甚至危及生命，是内伤；② 电伤，是电流对人体造成的外伤，如电灼伤、电烙印等，这种外伤一般是局部的，无生命危险。

二、实验室发生触电的因素

实验室发生触电的因素主要有：各种电气仪器绝缘不够完善，使人体触及裸露的电线、电闸和未接触地线的电气设备的金属外壳而触电；不熟悉各种电气设备的性能及使用方法，检修各种电气仪器时违反操作规程，都可能发生触电；对已损坏的电气仪器不及时修理，仍勉强使用。

三、防止发生触电的基本措施

1. 不得用潮湿的手或湿布接触电器。

2. 电源裸露部分应有绝缘装置（例如电线接头处应裹上绝缘胶布）。所有电器的金属外壳都应保护接地。

3. 停电时，要断开全部电气设备的开关，供电恢复正常后，再按仪器设备的操作程序工作，以防损坏仪器。

4. 修理或安装电器时，应先切断电源。

5. 不能用试电笔去试高压电。使用高压电源应有专门的防护措施。

6. 对于有固定位置的电气设备，用后除关闭电源外，还应拔下插头，以防长期通电而损坏仪器。

7. 如有人触电，应迅速切断电源，然后进行抢救。

四、用电注意事项

用电应注意以下事项：防止引起火灾；使用的保险丝要与实验室允许的用电量相符；室内若有 H_2、煤气等易燃易爆气体，应避免产生电火花；继电器工作和开关电闸时，易产生电火花，要特别小心；电器接触点（如电插头）接触不良时，应及时通知相关人员修理或更换，如遇电线起火，立即切断电源，用沙或二氧化碳、干粉灭火器灭火，禁止用水或泡沫灭火器等导电液体灭火。

【常用加热设备】

一、电热恒温干燥箱

电热恒温干燥箱是利用电热丝隔层加热使物体干燥的设备。烘箱因功率较大，使用时应注意防止过载，宜使用单独的供电线路，接地良好；待烘物必须放在架板上，并应定期清理，以防事故。架板不得随意抽出，待烘物件不得直接接触加热元件；层架板不宜放置可燃物；含有易燃液体（如 C_2H_5OH、CH_3COCH_3、C_6H_6 等）的物件不得放入烘烤，应先用电吹风吹干后再放入；易燃易爆物严禁放入烘烤；有机玻璃、塑料制品等一般均不宜送入烘箱烘烤，以免因熔融起燃而引起事故；应根据待烘物件的物理、化学性质严格控制烘烤温度与时间，注意检查自动控温装置工作是否可靠，以免因失灵而造成事故；升温时宜逐渐提高温度，避免升温过快；烘箱开启后应经常照看，不应放置不管；工作结束或停电时，应切断电源；烘箱周围不得放置可燃物、腐蚀物、挥发性物质、气瓶等。

二、高温电炉

高温电炉（马弗炉）功率较大，通常使用温度较高，在使用过程中应注意以下事项：灼烧完毕后，应先拉下电闸，不应立即打开炉门，以免炉膛骤然受冷碎裂，可将炉门开一条小缝，温度降下来后，取出灼烧物；在使用时要经常照看，防止自控失灵，造成电炉丝烧断等事故；炉膛内要保持清洁，炉子周围不要堆放易燃易爆物品；不用时要切断电源，关好炉门，防止耐火材料受潮气侵蚀；使用后登记。

【化学实验的一般安全操作】

一、液氮的安全操作

液氮为不活泼、无毒性物质，是比较安全的冷冻剂，但也有发生冻伤或蒸气爆炸的危险性，要加以注意。轻度冻伤时，虽然皮肤发红并有不舒服感觉，但经数小时后即会恢复正常；中等程度冻伤时，产生水疱；严重冻伤时，则会溃烂。应急的办法是：把冻伤部位放入 40℃（不要超过此温度）的热水中浸 20~30 min。即便恢复到正常温度后，仍需把冻伤部位抬高，在常温下，不包扎任何东西，也不要绷带，保持安静。没有热水或者冻伤部位不便浸水，如耳朵等部位，可用体温（手等）将其暖和。

二、使用玻璃器具的安全操作

由玻璃器具造成的事故很多，其中大多数为割伤和烧伤。为防止这类事故的发生，应注意：玻璃器具在使用前要仔细检查，避免使用有裂痕的仪器，

特别是用于减压、加压或加热操作的场合，更要认真检查；烧杯、烧瓶及试管之类仪器，因其壁薄，机械强度很低，用于加热时，必须小心操作；把玻璃管或温度计插入橡皮塞或软木塞时，常常会折断而使人受伤，为此，操作时可在玻璃管上沾些水或涂上甘油等作润滑剂，然后左手拿着塞子，右手拿着玻璃管，边旋转边慢慢地把玻璃管插入塞子中，此时右手拇指与左手拇指之间的距离不要超过 5 cm，并且最好用毛巾保护着手较为安全；打开封闭管或紧密塞着的容器时，因其有内压，往往发生喷液或爆炸事故，须特别小心；量筒、试剂瓶、培养皿等软质玻璃制品不可直接在火上或电炉上加热，不应在试剂瓶或量筒中稀释浓硫酸或溶解固体试剂；灼热的器皿放入保干器时不要马上盖严，应留小缝适当放气；移动保干器时应用双手捏住保干器的边，以防盖子滑落。

第一部分

大气监测

实验一　空气质量自动监测站中常规大气污染物监测

环境监测部门的空气质量自动监测站对空气中的常规污染物（SO_2、NO_2、O_3、CO、PM_{10} 和 $PM_{2.5}$）和气象参数进行连续在线监测，监测数据用于衡量空气质量好坏，并辅助环保决策。

环境空气质量自动监测是在监测点位采用连续自动监测仪器对环境空气质量进行连续的样品采集、测试、分析的过程。我国环境保护部在 2013 年发布了《环境空气颗粒物（PM_{10} 和 $PM_{2.5}$）连续自动监测系统安装和验收技术规范》（HJ 655—2013）和《环境空气气态污染物（SO_2、NO_2、O_3、CO）连续自动监测系统安装和验收技术规范》（HJ 193—2013），对大气常规污染物的自动监测提出了完整的规范，并依此评价环境空气质量。

【实验目的】

1. 认识空气质量自动监测站的基本构成，了解相关监测仪器的基本结构与原理。

2. 掌握大气常规污染物（SO_2、NO_2、O_3、CO、PM_{10} 和 $PM_{2.5}$）的测量原理及方法。

3. 掌握常规监测站的日常维护和对常规大气污染物监测的 QA/QC。

4. 了解数据采集和分析方法。

5. 了解环境空气质量评价方法。

【实验原理】

一、空气质量自动监测站的基本构成

如图 1-1 所示，空气质量自动监测站的核心部分由样品采集系统、常规污染物测定系统、数据采集仪和校准系统、气象仪器构成。此外，还包括一些室内温度传感器、通信装置等辅助设备。

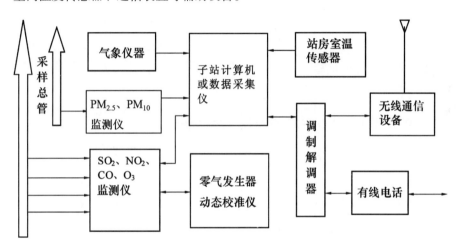

图 1-1　空气质量自动监测站的基本构成（参考《环境空气质量自动监测技术规范》（HJ/T 193—2005）

空气质量自动监测站不仅需要对空气质量进行连续自动监测，还需对数据进行定期检查和存储，及时将数据上传至中心计算机室。另外，工作人员还需要对监测站设备进行定期保养，并对通信、网络等进行定期维护，以保证自动监测站正常运行。

二、分析仪器的测定原理

（一）43i TLE 型 SO_2 分析仪：紫外荧光法

1. SO_2 吸收 190~230 nm 紫外光产生能级跃迁，从基态变为激发态。

$$SO_2+hv' \longrightarrow SO_2^* \longrightarrow SO_2+hv'$$

2. 激发态 SO_2^* 不稳定，返回基态时发射出波长为 350 nm 的荧光，产生的荧光强度和 SO_2 浓度成正比。

（二）49i O_3 分析仪：紫外吸收光谱法

O_3 分子吸收波长为 254 nm 的紫外线，吸光度与 O_3 浓度符合朗伯 - 比尔定律。

$$I/I_0 = e^{-KLc} \qquad\qquad （公式 1-1）$$

其中，$K = 308\ cm^{-1}$（在 0℃和 1 个大气压），分子吸收系数；$L = 38\ cm$，吸光池长度；c 为 O_3 浓度；I 为有 O_3 样品（样品气）时的紫外光强度；I_0 为无 O_3 样品（参比气）时的紫外光强度。

（三）42i TL 型 NO–NO_2–NO_x 分析仪：化学发光法

1. NO 和 O_3 发生反应，产生特征光谱的强度与 NO 浓度成正比。

$$NO+O_3 \longrightarrow NO_2+O_2+hv'$$

2. NO_2 必须先转化成 NO，才能用化学发光反应进行测量。NO_2 在被加热到 325℃的 NO_2-NO 钼化炉中转化为 NO。

$$3NO_2+Mo \longrightarrow 3NO+MoO_3$$

3. 通过测量化学发光的强度可直接测得 NO_x 与 NO 的浓度，两者相减即可间接求出 NO_2 的浓度。

（四）48i TL 型 CO 分析仪与 410i 型 CO_2 分析仪：红外吸收光谱法

1. 48i TL 型仪器利用 CO 对 4600 nm 红外辐射的特征吸收对 CO 进行测定；410i 型仪器利用 CO_2 对 4260 nm 红外辐射的特征吸收对 CO_2 进行测定。

2. 48i TL 型仪器可通过旋转的滤光轮中的 CO 与 N_2 气体滤光器，对 CO 进行测定；而 410i 型仪器则使用采样滤光镜和参考滤光镜相互交替且不断转动的光学滤光轮，对 CO_2 进行测定。

3. 定量原理：由于红外吸收测量法是非线性的，需要将分析信号转换成线性输出，两台仪器均利用存储在内部的校正曲线来使仪器输出精确的线性信号。

（五）TEOM 1400A 型大气颗粒物在线监测仪

1. 采样方式：以恒定的流速将环境空气吸入过滤器，不断地称量过滤器的重量，并计算近实时（10 s）的质量浓度。

2. 定量原理：在弹簧 - 质量系统中，采集的颗粒物质量与弹簧频率的关系如下：

$$f = (K/m)^{0.5} \qquad （公式 1-2）$$

其中，f 为频率（Hz）；K 为弹簧劲度系数；m 为质量；K 和 m 的单位一致。

质量与频率变化的关系可以表示为

$$dm = K_0(1/f_1^2 - 1/f_0^2) \qquad （公式 1-3）$$

其中，dm 为质量变化量；K_0 为弹簧常数（包括质量转换）；f_0 为初始频率 (Hz)；f_1 为最后频率 (Hz)。

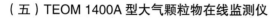

【实验设备与材料】

一、实验仪器与设备

43i TLE 型 SO_2 分析仪、49i O_3 分析仪、42i TL 型 NO-NO_2-NO_x 分析仪、48i TL 型 CO 分析仪、410i 型 CO_2 分析仪（图 1-2）和 TEOM 1400A 型大气颗粒物在线监测仪。

二、实验材料与试剂

对已知浓度的标准气体钢瓶进行仪器校准，校准时需要向监测仪器分别

通入该仪器满量程的 0、10%、20%、40%、60%、80% 浓度的标准气体（简称标气）。

图 1-2 常规气体自动监测平台（左图中，自上而下分别为嵌入式数据采集平台、49i O_3 分析仪；右图中，自上而下分别为 48i TL 型 CO 分析仪、42i TL 型 NO-NO_2-NO_x 分析仪、410i 型 CO_2 分析仪、43i TLE 型 SO_2 分析仪）

【实验步骤】

一、实验前准备

（一）仪器的固定

43i TLE 型 SO_2 分析仪、49i O_3 分析仪、42i TL 型 NO-NO_2-NO_x 分析仪、48i TL 型 CO 分析仪与 410i 型 CO_2 分析仪全部稳固地安装在可移动平台上。

（二）仪器的检查

实验前应检视仪器背后的管路和电路，以确保每台气体分析仪的采样管路滤膜都完整无褶皱，各台仪器的出气口附近无明显刺激性气味，且电路连接正常。此外，NO_x 分析仪辅助进气的气路中干燥器的变色硅胶为蓝色，确保能正常过滤大气中的水分；且 NO_x 分析仪的出气应连接过滤吸收装置，以免 O_3 泄漏。另外，实验前应确保已打开 CO_2 分析仪与高压氮气的气路。除气体分析仪外，还应检查零气发生器和动态气体校准仪是否分别连通了压缩泵和标准气体钢瓶。

二、气体分析仪校准和常规测定

（一）开机

分别开启每台仪器的 ON 电源，应能听到抽气泵工作的声音，并且在仪器液晶面板上看到开机画面和浓度显示，检查各个仪器的时间是否一致。一般等待 30 min，仪器即可预热稳定，但 O_3 分析仪则需要预热 90 min。预热完毕后，还应将 CO_2 分析仪吹扫端口压力设置为 20 psi。

（二）按键介绍

仪器面板上主要按键介绍如下，其他可自行阅读工作手册。

▶ 运行键。仪器是自动运行的，按此键会回到运行界面，展示目标物浓度。

■ 菜单键。按此键进入设置页面，可进行仪器各项检视和设置。也用作返回键。与此同时运行界面（检视气体浓度）被压缩到面板上方，仍然可见。

↵ 回车键。输入任何状态和数值的改变。

⬆⬇⬅➡ 上下左右按键。调整光标位置。

（三）校准装置

一般使用动态气体校准仪为气体分析仪提供零气和经过稀释的已知浓度标气。该仪器最多可同时连接三瓶不同的标气。如果是新换的标气钢瓶，在

校准仪面板中选择"menu–gas set up",再选择该气体并按回车键,设置标气名称、入口、自身浓度(依据钢瓶自带标签)、零气流量以及各个不同浓度和该浓度下的流量后,仪器即会自动用零气稀释到该流量和浓度。例如,零气流量5000 sccm,标气由于需要冲洗管路,可设定8000 sccm。如果无须更换标气钢瓶,则可略过这一步。由于标气钢瓶可以同时带有多种气体,因此可同步进行多个气体分析仪的校准。

(四)零点校准

选择"menu–operation",第一项用左右键选择使用标气的种类,第二项用左右键选择"zero",进行零点校准。选好后按回车键,会听到电磁阀打开的声音,并在面板上看到流量和输出的浓度(零点校准则浓度显示为0)。读数稳定后,在相应的气体分析仪面板上选"menu–calibration–cal background",再按回车键,仪器会把当前读数作为零点。需要注意的是,NO本底是在提取零气样本时NO通道分析器所读出的信号值。NO_x本底是在提取零气样本时NO_x通道分析器所读出的信号值。在分析器将NO和NO_x读数归零前,分析器将这些值分别存储为NO和NO_x的本底修正。NO_2本底修正由NO和NO_x本底修正间接确定,并不加以单独显示。

(五)跨度校准

动态气体校准仪面板上选择"menu–operation",第二项用左右键选择某个浓度,按回车键,耐心等待直到气体分析仪的示数稳定(NO_x的校准等待时间较长)。在相应的气体分析仪面板上选"menu–calibration–cal coef",显示中的第一行是当前浓度读数,第二行"span conc"是设定时的理论浓度,按回车键即可将当前浓度校准为理论浓度。反复进行此过程,分别校准零点和几个不同浓度,即可完成该气体的校准。

(六)常规测定

校准完成后,在动态气体校准仪面板选择"menu–operation",用左右键将第一和第二选项改为OFF,看到流量降为0,此时进入气体分析仪的就是实际大气。仪器从测定数值中减去零度校准值，显示屏得到的数据就是常规测定数据，稳定后的数据即可反映实际大气污染物浓度水平。

三、TEOM 1400A 大气颗粒物在线监测仪

（一）开机

1. 首先进行验漏，确保仪器不漏气后在质量传感器上安装 TEOM 滤膜。

2. 在仪器条件（Instrument Conditions）界面，选择流量（Flows）按钮来显示流量界面，可为主通道和旁路通道选择需要的流速。点击流量控制（Flow Control）按钮可选择需要的流量控制方式，其中包括"主动 (Active)"或"被动 (Passive)"选项。

3. 设置屏幕中选择高级（Advanced）按钮，设置 TEOM 单元的 K_0 值。

（二）数据采集

1. 设置屏幕中，通过数据储存按钮，选择需要被存储的数据。

2. 进入 TEOM 数据采集界面，仪器开始自动采集数据。

（三）颗粒物采集装置

最常见的颗粒物采集装置包括：有防雨雪设计的进样口、光滑并隔热的采样管路、颗粒物干燥装置和分流器。

理想的颗粒物采集装置应满足以下四项要求：

1. 能从采样的颗粒物中排除降水和雾滴；

2. 能在最小的扩散和惯性损失下提供具有代表性的环境颗粒物样品；

3. 能在进入测定仪器前，保持颗粒物的相对湿度小于 40％；

4. 能最大限度地减少挥发性颗粒物组分的损失。

【质量控制与质量保证】

1. 仪器的校准

每一次外场观测的前、中、后期都必须对仪器进行严格的标定与校准。如若长期连续观测，则需定期进行校准，对于不具备自动校准的仪器，需要5~7 天进行一次校准；对于其他仪器，校准周期为 3~6 个月不等。

2. 标准物质的核验

为保证仪器测得数据的准确性，需要对零气发生器做定期维护和保养；此外，也应及时记录标准气体的消耗情况和有效期。

3. 仪器精密度与准确度的审核

应根据观测需要，对仪器的精密度和准确度进行核验。精密度核验至少 3 个月一次，准确度核验至少每年一次。

【思考题】

1. 气压表上常见的气压单位（MPa/psi/bar/torr）的物理含义。

2. 紫外线的波长范围是多少？光谱法常用的紫外线波长范围是多少？

3. O_3 分析仪的气路控制为何要在 A/B 反应池间切换？

4. NO-NO_2-NO_x 分析仪是如何获得 NO_2 浓度数据的？

5. 几种气态污染物分析仪测定方法的原理是什么，有何共性？

6. SO_2、NO_2、CO 和 O_3 是如何标定的？

〔常见问题〕

1.采样头应与地面保持一定高度，防止地面扬尘或人为干扰影响测定结果。

2.应定期标定采样管路流量，防止气路流量与切割头切割粒径不匹配。

3.对采样头和采样管路进行定期检查和清洗。比如，连续重污染过程、沙尘暴、大风和降水过程之后，需要检查采样头和管路是否清洁、有无水汽凝结，并及时进行清理。

〔小知识〕

1.早在 20 世纪 80 年代，我国北京、南京等城市就开始了对环境空气质量的自动监测。其中，北京市在 1982 年建成了由 9 个子站组成的北京市空气质量自动监测系统，南京市的 6 个空气质量自动监测点于 1991 年通过验收，被认定为国控点。随着新的环境空气质量标准的出台与大气环境监测技术的进步，在 2013 年，我国共有 74 个主要城市的 496 个环境空气质量自动监测站点；而到了 2019 年，我国共建成 138 个城市的超过 1500 个环境空气质量自动监测站点。

2.查询我国主要城市的实时与历史空气质量信息，可登录"空气质量在线分析平台 https://www.aqistudy.cn/"。

【参考文献】

［1］国家环境保护总局.环境空气质量自动监测技术规范：HJ/T 193—2005[S].

［2］环境保护部.环境空气气态污染物（SO_2、NO_2、O_3、CO）连续自动监测系统技术要求及检测方法：HJ 654—2013[S].

［3］生态环境部.环境空气气态污染物（SO_2、NO_2、O_3、CO）连续自动监测系统运行和质控技术规范：HJ 818—2018[S].

［4］环境保护部.环境空气颗粒物（PM_{10} 和 $PM_{2.5}$）连续自动监测系统技术要求及检测方法：HJ 653—2013[S].

［5］环境保护部.环境空气质量标准：GB 3095—2012[S].

［6］环境保护部.环境空气质量指数（AQI）技术规定（试行）：HJ 633—2012[S].

实验二 环境空气中二氧化硫的离线测定

二氧化硫（SO_2）作为一种典型大气污染物，对空气质量和人体健康都会产生不可忽视的影响。1952 年，在英国发生了震惊世界的伦敦烟雾事件，其中高浓度的煤烟中就含有大量的 SO_2，高浓度的 SO_2 被直接吸入体内后极易诱发支气管炎等疾病。煤、石油等化石燃料燃烧，工业过程和火山爆发等均排放 SO_2。为准确测量 SO_2 浓度，我国相继出台了 SO_2 的手工监测与自动监测标准，本实验主要参考《环境空气二氧化硫的测定 甲醛吸收 – 副玫瑰苯胺分光光度法》（HJ 482—2009）进行实验设计。SO_2 自动在线监测方法详见本章实验一。

【实验目的】

1. 掌握使用甲醛吸收法采集空气中 SO_2 的方法。
2. 掌握使用副玫瑰苯胺分光光度法测定 SO_2 浓度。
3. 掌握分光光度计的原理与操作。

【实验原理】

SO_2 被甲醛缓冲吸收液吸收后，生成稳定的羟甲基磺酸加成化合物，在

样品溶液中加入 NaOH 溶液使加成化合物分解，释放出的 SO_2 与盐酸副玫瑰苯胺（PRA 溶液）、甲醛反应，生成紫红色化合物，用分光光度计在波长 577 nm 处测量其吸光度，再结合实际大气中的采样体积，即可计算出大气中 SO_2 浓度。其中发生的化学反应如下：

吸收过程：SO_2 + 甲醛缓冲吸收液 $\longrightarrow$ $HOCH_2SO_3^-$

显色过程：$HOCH_2SO_3^-$ + NaOH + PRA+ HCl $\longrightarrow$ $C_{22}H_{12}ClN_3$（聚玫瑰红甲基磺酸，玫瑰紫色）

SO_2 与盐酸副玫瑰苯胺溶液、甲醛反应，生成的紫红色化合物的浓度与吸光度之间符合朗伯 - 比尔定律：

$$I/I_0 = e^{-\varepsilon Lc}$$ （公式 1-4）

其中，ε 为摩尔吸光系数，L/(mol·cm)；L 为吸光池长度，cm；c 为待测物浓度，mol/L；I 为透射光强度，lux；I_0 为入射光强度，lux。

【实验设备与材料】

一、实验仪器与设备（表 1–1）

表 1–1　实验所需仪器设备

名称	规格	数量
分光光度计	含可见光波段	1
恒温水浴锅	0~40℃	1
空气采样器	流量 0.1~1 L/min	1
空气采样器	流量 0.1~0.5 L/min	1
天平	精度 0.000 01 g	1

二、实验材料与试剂

如无特殊说明，实验药品纯度均为优级纯及以上，实验用水均为去离子水（电阻率＞ 18.2 MΩ · cm）。

（一）实验器皿

SO_2 采集与测定步骤中所需器皿：1 mL 移液管 3 支、50 mL 容量瓶 1 个、10 mL 具塞比色管 15 支、10 mL 多孔波板吸收管 1 支、50 mL 多孔波板吸收管 1 支。

如需自行配制混合溶液或标准溶液，则还要根据实际情况准备烧杯、容量瓶等器皿若干。

（二）单一试剂准备

KIO_3 固体、1.5 mol/L NaOH 溶液。

（三）混合溶液配制

1. 0.05 mol/L Na_2(CDTA) 溶液。称取 1.82 g CDTA（反式 1,2- 环己二胺四乙酸），加入 NaOH 溶液 6.5 mL，用水稀释至 100 mL。

2. 甲醛缓冲吸收液。其中，甲醛缓冲吸收储备液配制方法为：吸取 36%~38% 的甲醛溶液 5.5 mL，Na_2(CDTA) 溶液 20.00 mL；称取 2.04 g $C_8H_5KO_4$（邻苯二甲酸氢钾），溶于少量水中；将三种溶液合并，再用水稀释至 100 mL，储存于冰箱可保存 1 年。用水将甲醛缓冲吸收储备液稀释 100 倍得到甲醛缓冲吸收液，现配现用。

3. NH_2NaSO_3 溶液（0.06%）。称取 0.60 g NH_2SO_3H 置于 100 mL 烧杯中，加入 4.0 mL NaOH 溶液，用水搅拌至完全溶解后稀释至 100 mL，摇匀。此溶液密封条件下可保存 10 天。

4. 碘溶液（储备液浓度 0.1 mol/L，实验用碘溶液浓度 0.01 mol/L）：实验用碘溶液是由碘储备液稀释配制的。碘储备液配制方法为：称取 12.7 g I_2 于烧杯中，加入 40 g KI 和 25 mL 水，搅拌至完全溶解，用水稀释至 1000 mL，储

存于棕色细口瓶中。每次实验所使用的碘溶液配制方法为：量取碘储备液 50 mL，用水稀释至 500 mL，储于棕色细口瓶中。

5. 淀粉溶液（0.5%）。称取 0.5 g 可溶性淀粉于 150 mL 烧杯中，用少量水调成糊状，慢慢倒入 100 mL 沸水，继续煮沸至溶液澄清，冷却后储于试剂瓶中。

6. KIO$_3$ 基准溶液（0.1000 mol/L）。准确称取 3.5667 g KIO$_3$ 溶于水，移入 1000 mL 容量瓶中，用水稀释至标线，摇匀。

7. 盐酸溶液（10%）。量取 100 mL 浓盐酸于 900 mL 水中，储存于细口瓶中。

8. Na$_2$S$_2$O$_3$ 溶液（标准储备液浓度 0.10 mol/L，实验用标准溶液浓度 0.010 mol/L）。其中，Na$_2$S$_2$O$_3$ 标准储备液（0.10 mol/L）的配制方法为：称取 25.0 g Na$_2$S$_2$O$_3 \cdot$ 5H$_2$O，溶于 1000 mL 新煮沸但已冷却的水中，加入 0.2 g 无水 Na$_2$CO$_3$，储于棕色细口瓶中，放置一周后备用，如溶液呈现混浊，必须过滤。Na$_2$S$_2$O$_3$ 标准溶液（0.010 mol/L）配制方法为：取 50.0 mL Na$_2$S$_2$O$_3$ 标准储备液置于 500 mL 容量瓶中，用新煮沸但已冷却的水稀释至标线，摇匀。Na$_2$S$_2$O$_3$ 溶液标定方法为：吸取 3 份 20.00 mL KIO$_3$ 基准溶液分别置于 250 mL 碘量瓶中，加 70 mL 新煮沸但已冷却的水，加 1 g KI，振摇至完全溶解后，加 10 mL 盐酸溶液，立即盖好瓶塞，摇匀。于暗处放置 5 min 后，用 Na$_2$S$_2$O$_3$ 标准溶液滴定溶液至浅黄色，加 2 mL 淀粉溶液，继续滴定至蓝色刚好褪去为终点。Na$_2$S$_2$O$_3$ 标准溶液的浓度按下式计算：

$$c = 0.1000 \times 20.00 / V \qquad \text{（公式 1-5）}$$

其中，c 为 Na$_2$S$_2$O$_3$ 标准溶液的浓度，mol/L；V 为滴定所消耗 Na$_2$S$_2$O$_3$ 标准溶液的体积，mL。

9. Na$_2$(EDTA) 溶液（0.0015 mol/L）。称取 0.25 g Na$_2$(EDTA)（乙二胺四乙酸二钠盐）溶于 500 mL 新煮沸但已冷却的水中，现配现用。

10. Na$_2$SO$_3$ 溶液（浓度需标定）。称取 0.2 g Na$_2$SO$_3$，溶于 200 mL Na$_2$(EDTA) 溶液中，缓缓摇匀以防充氧，使其溶解。此溶液浓度的标定方法如下：

（1）取 6 个 250 mL 碘量瓶（A1、A2、A3、B1、B2、B3），在 A1、

A2、A3 内各加入 25 mL $Na_2(EDTA)$ 溶液，在 B1、B2、B3 内各加入 25.00 mL Na_2SO_3 溶液，再分别各加入 50.0 mL 碘溶液和 1.00 mL 乙酸溶液，盖好瓶盖，摇匀。

（2）立即吸取 2.00 mL Na_2SO_3 溶液加到一个已装有 40~50 mL 甲醛缓冲吸收液的 100 mL 容量瓶中，并用甲醛缓冲吸收液稀释至标线、摇匀。此溶液即为 SO_2 标准储备液，在 4~5℃下冷藏，可保存 6 个月。

（3）A1、A2、A3、B1、B2、B3 六个瓶子于暗处放置 5 min 后，用 $Na_2S_2O_3$ 溶液滴定至浅黄色，加 5 mL 淀粉指示剂，继续滴定至蓝色刚刚消失。平行滴定所用 $Na_2S_2O_3$ 溶液的体积之差应不大于 0.05 mL。SO_2 标准储备液的质量浓度由下式计算：

$$\rho = \frac{(V - V_0) \times c_0 \times 32.05 \times 10^3}{25.00} \times \frac{2.00}{100} \qquad （公式 1-6）$$

其中，ρ 为 SO_2 标准储备液的质量浓度，μg/mL；V_0 为空白滴定所用 $Na_2S_2O_3$ 溶液的体积，mL；V 为样品滴定所用 $Na_2S_2O_3$ 溶液的体积，mL；c_0 为 $Na_2S_2O_3$ 溶液的浓度，mol/L。

11. SO_2 标准溶液（浓度以所含 SO_2 质量计）。用甲醛缓冲吸收液将 SO_2 标准储备液稀释成每毫升含 1.0 μg SO_2 的标准溶液。此溶液用于制作标准曲线，在 4~5℃下冷藏，可保存 1 个月。

12. 盐酸副玫瑰苯胺溶液（PRA 溶液，显色溶液）。吸取 25.00 mL 副玫瑰苯胺储备液于 100 mL 容量瓶中，加 30 mL 85% 的浓磷酸、12 mL 浓盐酸，用水稀释至标线，摇匀，放置过夜后使用。注意避光密封保存。

【实验步骤】

一、样品采集

1. 短时间采样：采用内装 10 mL 甲醛缓冲吸收液的多孔玻板吸收管，以 0.5

L/min 的流量采气 45~60 min。吸收液温度保持在 23~29℃的范围。

2. 24 小时连续采样：采用内装 50 mL 甲醛缓冲吸收液的多孔玻板吸收瓶，以 0.2 L/min 的流量连续采样 24 小时。吸收液温度保持在 23~29℃的范围。

3. 现场空白：将装有甲醛缓冲吸收液的采样管带到采样现场，除了不采气之外，其他采样条件与样品相同。

二、实验室分析

（一）标准曲线的绘制

1. 取 14 支 10 mL 的具塞比色管，分 A、B 两组，每组 7 支，分别对应编号。A 组按表 1-2 绘制标准曲线。

表 1-2　SO_2 标准曲线

管　号	二氧化硫标准溶液 (1.00 μg/mL)/mL	甲醛缓冲吸收液 / mL	二氧化硫含量 /μg
0	0.0	10.0	0.0
1	0.5	9.5	0.5
2	1.0	9.0	1.0
3	2.0	8.0	2.0
4	5.0	5.0	5.0
5	8.0	2.0	8.0
6	10.0	0.0	10.0

2. 在 A 组各管中分别加入 0.5 mL NH_2NaSO_3 溶液和 0.5 mL NaOH 溶液，混匀。在 B 组各管中分别加入 1.00 mL PRA 溶液。将 A 组各管的溶液迅速地全部倒入对应编号并盛有 PRA 溶液的 B 管中，立即盖上塞子混匀后放入恒温水浴装置中显色。

3. 在波长 577 nm 处，用 10 mm 比色皿，以水为参比测量吸光度。以空白校正后各管的吸光度为纵坐标，以 SO_2 的含量（μg）为横坐标，用最小二乘法建立标准曲线的回归方程。显色温度与室温之差不应超过 3℃。根据季节和环境条件按表 1-3 选择合适的显色温度与显色时间。

表 1-3　显色温度与显色时间

显色温度 /℃	显色时间 /min	稳定时间 /min	试剂空白吸光度 A_0
10	40	35	0.030
15	25	25	0.035
20	20	20	0.040
25	15	15	0.050
30	5	10	0.060

（二）样品测定

1. 样品溶液中如有混浊物，则应离心分离除去。之后将样品放置 20 min，以使 O_3 分解。

2. 短时间采集的样品：将吸收管中的样品溶液移入 10 mL 比色管中，用少量甲醛缓冲吸收液洗涤吸收管，洗液并入比色管中并稀释至标线。加入 0.5 mL NH_2NaSO_3 溶液，混匀，放置 10 min 以除去 NO_x 的干扰。之后测定吸光度的步骤与标准曲线绘制中的操作相同。

3. 连续 24 小时采集的样品：将吸收瓶中样品移入 50 mL 容量瓶中，用少量甲醛缓冲吸收液洗涤吸收瓶后再倒入容量瓶中，并用吸收液稀释至标线。吸取适当体积的试样于 10 mL 比色管中，再用吸收液稀释至标线，加入 0.5 mL NH_2NaSO_3 溶液，混匀，放置 10 min 以除去 NO_x 的干扰，之后测定吸光度的步骤与标准曲线绘制中的操作相同。

三、结果计算

空气中 SO_2 质量浓度，按下式计算：

$$\rho = \frac{(A - A_0 - a)}{b \times V_s} \times \frac{V_t}{V_a}$$ （公式 1-7）

其中，ρ 为空气中 SO_2 质量浓度，mg/m^3；A 为样品溶液的吸光度；A_0 为试剂空白溶液的吸光度；b 为校准曲线的斜率；a 为校准曲线的截距（一般要求小于 0.005）；V_t 为样品溶液的总体积，mL；V_a 为测定时所取试样的体积，mL；V_s 为换算成标准状态下（101.325 kPa，273 K）的采样体积，L。

【质量控制与质量保证】

1. 采样条件与采样效率

采样时，甲醛缓冲吸收液温度在 23~29 ℃时，吸收效率为 100%；10~15 ℃时，吸收效率降低 5%；高于 33 ℃或低于 9 ℃时，吸收效率降低 10%。

2. 空白实验组

每批样品至少测定两个现场空白，即将装有甲醛缓冲吸收液的采样管带到采样现场，除了不采气之外，其他环境条件与样品相同。

3. 样品显色问题

如果样品溶液的吸光度超过标准曲线的上限，可用试剂空白液稀释，在数分钟内再测定吸光度，但稀释倍数不能过大。

4. 对操作人员的要求

操作人员需要体会和掌握显色温度、显示时间和稳定时间的关系，控制好反应条件。

5. 实验器皿对测定的干扰

Cr^{6+} 能使紫红色配合物褪色，产生负干扰，故应避免用硫酸 - 铬酸洗液洗涤玻璃器皿。若已用硫酸 - 铬酸洗液洗涤过，则需用盐酸溶液（1+1）浸洗，再用水充分洗涤。

【思考题】

1. 除本实验介绍的方法外，还有哪些 SO_2 手工监测方法？

2. 本实验方法与基于紫外荧光法的 SO_2 自动监测方法相比，有何优势与劣势？

3. 本实验在采样与分析环节中，哪些操作可能会导致误差？

【常见问题】

1. NO_x 对测定吸光度的干扰：加入 NH_2NaSO_3 溶液可消除 NO_x 的干扰。

2. O_3 对测定吸光度的干扰：采样后放置一段时间可使 O_3 自行分解。

3. 重金属元素对测定吸光度的干扰：甲醛缓冲吸收液中加入磷酸及 $Na_2(CDTA)$ 可以消除或减少某些金属离子的干扰。

4. 当空气中 SO_2 浓度高于测定上限时，可以适当减少采样体积。

【小知识】

1. 大气中 SO_2 的主要来源与环境效应：SO_2 是最常见、最简单的硫氧化物，

大气主要污染物之一。自然过程和人类活动均可能释放出 SO_2，例如火山爆发时会喷出大量 SO_2，煤和石油通常都含有硫元素，因此燃烧时也会生成大量 SO_2。SO_2 氧化生成的硫酸是酸雨的主要成分，不仅腐蚀建筑，还会对生态系统造成极大的影响。另外，SO_2 还可以通过气相、液相氧化过程生成硫酸盐类物质，成为气溶胶中的重要组分，影响全球气候、空气质量和人体健康。

2. SO_2 的标准限值：一级、二级的年平均浓度限值分别为 20、60 $\mu g/m^3$；日平均浓度限值分别为 50、150 $\mu g/m^3$；小时平均浓度限值分别为 150、500 $\mu g/m^3$（环境空气中的功能区分为两类：一类区适用一级标准，分别为自然保护区、风景名胜区和其他需要特殊保护的区域；二类区适用二级标准，分别为居民区、商业交通居民混合区、文化区、工业区和农村地区）。

3. 我国国家标准中，推荐使用"甲醛吸收 - 副玫瑰苯胺分光光度法"对 SO_2 进行测定。EMEP（European Monitoring Evaluation Programme）推荐使用"碱性收集装置 - 离子色谱法"，先将 SO_2 转化成 SO_4^{2-}，再通过测定 SO_4^{2-} 的含量，间接计算出大气中 SO_2 的浓度。

【参考文献】

1. 环境保护部. 环境空气 二氧化硫的测定 甲醛吸收 - 副玫瑰苯胺分光光度法 : HJ 482—2009[S].

2. 环境保护部. 环境空气质量标准 : GB 3095—2012[S].

3. NILU. EMEP manual for sampling and chemical analysis[EB/OL]. (2014-01)[2021-08-15]. https://www.nilu.com/apub/28065/

实验三　环境空气中氮氧化物的离线测定

　　环境空气中含有多种氮氧化物，以 NO 和 NO_2 最为常见，二者之和为氮氧化物（ NO_x ）。NO_x 中 NO 为无色气体，微溶于水；NO_2 为红棕色气体，易溶于水。环境空气中 NO_x 主要来源有硝酸、化肥厂废气、汽车尾气等。NO_x 的测定方法主要有盐酸萘乙二胺分光光度法、二磺酸酚分光光度法、Saltzman 法、差分吸收光谱法和化学发光法等。

【实验目的】

1. 掌握吸收液采集大气样品的操作技术。
2. 掌握盐酸萘乙二胺分光光度法测定空气中的氮氧化物的基本原理。
3. 掌握分光光度计的操作。

【实验原理】

　　空气中 NO_2 被吸收液吸收反应生成 HNO_3 和 HNO_2，HNO_2 与对氨基苯磺酸发生重氮化反应后与盐酸萘乙二胺结合生成玫瑰红色染料，其颜色深浅与 NO_2 浓度成正比，通过分光光度法即可测定其浓度。使用氧化剂（如

$KMnO_4$）将 NO 氧化为 NO_2 后可用相同方法测定。NO 和 NO_2 浓度之和即为 NO_x 的质量浓度（常以 NO_2 计）。

【实验设备与材料】

一、实验仪器与设备

空气采样器：流量范围 0.1~1.0 L/min。采样流量为 0.4 L/min 时，相对误差小于 ±5%。

分光光度计：在 540 nm 测定吸光度。

二、实验材料与试剂

10 mL 多孔玻板吸收瓶。

10 mL 氧化瓶。

冰醋酸（分析纯）。

盐酸羟胺溶液（ρ=0.2～0.5 g/L）。

硫酸溶液（$c\frac{1}{2}H_2SO_4$=1 mol/L）：取 15 mL 浓硫酸（ρ=1.84 g/mL）缓慢加入 500 mL 水中，搅拌均匀，冷却至室温。

酸性高锰酸钾溶液（ρ=25 g/L）：取 25 g 高锰酸钾于 500 mL 烧杯中，加 500 mL 水，微热溶解后加 1 mol/L 硫酸，搅拌后储于棕色试剂瓶。

N-（1-萘基）乙二胺盐酸盐储备液，ρ（$C_{10}H_7NH(CH_2)_2NH_2 \cdot 2HCl$）=1.00 g/L：称取 0.50 g $C_{10}H_7NH(CH_2)_2NH_2 \cdot 2HCl$ 于 500 mL 容量瓶中，定容后储于密闭的棕色试剂瓶中，冰箱中可保存 3 个月。

显色液：称取 5.0 g 对氨基苯磺酸（$NH_2C_6H_4SO_3H$）溶解于约 200 mL

40～50 ℃ 热水中，冷却后移入 1000 mL 容量瓶中，加入 50 mL C₁₀H₇NH(CH₂)₂NH₂·2HCl 储备液和 50 mL 乙酸后定容。若溶液呈现淡红色，则应重新配制。

吸收液：使用时将显色液和水按 4 ∶ 1（体积分数）比例混合，即为吸收液。吸收液的吸光度应小于等于 0.005。

亚硝酸盐标准储备液，[NO₂⁻]=250 µg/mL：准确称取 0.3750 g 亚硝酸钠（NaNO₂，优级纯，使用前在 105±5℃ 干燥恒重）溶于水，移入 1000 mL 容量瓶中定容，可在暗处储于密闭棕色试剂瓶中 3 个月。

亚硝酸盐标准工作液，[NO₂⁻]=2.5 µg/mL：准确吸取亚硝酸盐标准储备液 1.00 mL 于 100 mL 容量瓶中，定容。注意现用现配。

【实验步骤】

一、配置实验试剂

本实验中所用的水均为重蒸馏水或去离子交换水，所用的试剂一般为分析纯。必要时，实验用水可在全玻璃蒸馏器中以每升水加入 0.5 g 高锰酸钾（KMnO₄）和 0.5 g 氢氧化钡〔Ba(OH)₂〕重蒸。

二、采样

（一）样品采集

取两支内装 10.0 mL 吸收液的多孔玻板吸收瓶和一支内装 5~10 mL 酸性高锰酸钾溶液的氧化瓶（液柱高度不低于 80 mm），用尽量短的硅橡胶管将氧化瓶串联在两支吸收瓶之间（见图 1-3），以 0.4 L/min 流量采气 4~24 L。

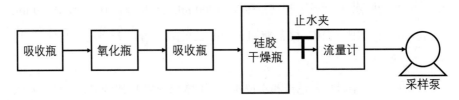

图 1-3 采样示意

（二）现场空白采集

将装有吸收液的吸收瓶带到采样现场，除了不采气之外，其他采样条件与样品相同。

三、分析

（一）标准曲线的绘制

取 6 支 10 mL 具塞比色管，按表 1-4 制备亚硝酸盐标准溶液系列。根据表 1-4 分别移取相应体积的亚硝酸钠标准工作液，加水至 2.00 mL，加入显色液 8.00 mL。

各管混匀，于暗处放置 20 min（室温低于 20℃时需放置 40 min 以上），用 10 mm 比色皿，在波长 540 nm 处，以水为参比测量吸光度，扣除 0 号管的吸光度以后，对应 NO_2^- 的质量浓度（μg/mL）用最小二乘法计算标准曲线的回归方程得到。

表 1-4 亚硝酸盐标准溶液系列

管号	0	1	2	3	4	5
标准溶液 / mL	0.00	0.40	0.80	1.20	1.60	2.00
水 / mL	2.00	1.60	1.20	0.80	0.40	0.00
显色液 / mL	8.00	8.00	8.00	8.00	8.00	8.00
NO_2^- 质量浓度 /（μg·mL^{-1}）	0.00	0.10	0.20	0.30	0.40	0.50

（二）空白试验

取实验室内未经采样的空白吸收液，用 10 mm 比色皿，在波长 540 nm 处，以水为参比测定吸光度。使用同样的方法测定现场空白，并将现场空白和实验室空白的测定结果相对照，若相差过大，则需查找原因，重新采样。

（三）样品测定

采样后放置 20 min，室温 20℃以下时放置 40 min 以上，用水将采样瓶中吸收液的体积补充至标线，混匀。用 10 mm 比色皿，在波长 540 nm 处，以水为参比测定吸光度，同时测定空白样品的吸光度。

若样品的吸光度超过标准曲线的上限，应用实验室空白试液稀释，再测定其吸光度（稀释倍数不得大于 6）。

四、结果计算

1. 空气中二氧化氮质量浓度 ρ_{NO_2}（mg/m³）按下式计算：

$$\rho_{NO_2} = \frac{(A_1 - A_0 - a) \times V \times D}{b \times f \times V_0} \qquad \text{（公式 1-8）}$$

2. 空气中一氧化氮质量浓度 ρ_{NO}（以 NO_2 计，mg/m³）按下式计算：

$$\rho_{NO} = \frac{(A_2 - A_0 - a) \times V \times D}{b \times f \times V_0 \times K} \qquad \text{（公式 1-9）}$$

3. 空气中氮氧化物质量浓度 ρ_{NO_x}（以 NO_2 计，mg/m³）按下式计算：

$$\rho_{NO_x} = \rho_{NO_2} + \rho_{NO} \qquad \text{（公式 1-10）}$$

式中，A_1，A_2 为串联的第一支和第二支吸收瓶中样品的吸光度；A_0 为实验室空白的吸光度；b 为标准曲线的斜率；a 为标准曲线的截距；V 为采样用吸收液体积，mL；V_0 为换算为标准状态（101.325 kPa，273 K）下的采样体积，L；K 为 NO $\longrightarrow$ NO_2 氧化系数，取 0.68；D 为样品的稀释倍数；f 为 Saltzman 实验系数，取 0.88（当空气中 NO_2 质量浓度高于 0.72 mg/m³ 时，f 取值 0.77）。

〔质量控制与质量保证〕

1. 检出限为 0.12 μg/10 mL 吸收液。当吸收液总体积为 10 mL，采样体积为 24 L 时，空气中氮氧化物的检出限为 0.005 mg/m³；采样体积为 12 ~ 24 L 时，环境空气中氮氧化物的测定范围为 0.020 ~ 2.5 mg/m³。

2. 精密度和准确度。5 个实验室测定质量浓度范围在 0.056 ~ 0.480 mg/m³ 的 NO_2 标准气体，重复性相对标准偏差小于 10%，相对误差小于 ±8%；0.057 ~ 0.396 mg/m³ 的 NO 标准气体，重复性相对标准偏差小于 10%，相对误差小于 ±10%。

〔思考题〕

1. 除 $KMnO_4$ 外，常用来将 NO 氧化为 NO_2 的氧化剂还有哪些？

2. 可使用 NO_2 标气或者 NO_2 渗透管产生标气，试分析后者的优势所在。

3. 比较常见的几种大气中 NO_x 的测定方法。

〔常见问题〕

1. 空气中 SO_2 质量浓度为 NO_x 浓度的 30 倍时会对 NO_x 测定造成干扰，过氧乙酰硝酸酯（PAN）会造成正干扰，但这两者影响一般不大。空气中 O_3 质量浓度超过 250 μg /m³ 时，对 NO_2 的测定产生负干扰。采样时在采样瓶入口端串接一段 15 ~ 20 cm 长的硅橡胶管，可排除干扰。

2. 若需长时间采样（如 24 h），则取两支大型多孔玻板吸收瓶，装入 25.0

mL 或 50.0 mL 吸收液（液柱高度不低于 80 mm），标记液面位置。取一支内装 50 mL 酸性高锰酸钾溶液的氧化瓶，按图 1-4 所示接入采样系统，将吸收液恒温在 20 ± 4℃，以 0.2 L/min 流量采气 288 L。

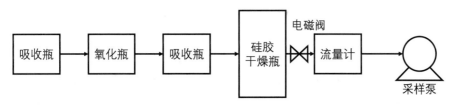

图 1-4　长时间连续自动采样示意

【小知识】

大气中 NO 和 NO_2 可通过相互转化而达到平衡，但对于燃烧源排放而言，NO_x 主要以 NO 的形式存在。NO 可与 O_2 反应产生 NO_2，当条件合适（如云雾）时，NO_2 进一步与 H_2O 反应生成 HNO_3。当存在挥发性有机物（VOCs）时，NO_x 可与之发生光化学反应，产生臭氧（O_3）、过氧乙酰硝酸酯（PAN）等多种二次产物，形成光化学烟雾。

【参考文献】

［1］环境保护部. 环境空气氮氧化物（一氧化氮和二氧化氮）的测定：盐酸萘乙二胺分光光度法：HJ 479—2009[S].

［2］EMEP. EMEP manual for sampling and chemical analysis[EB/OL].(2001) [2021-12-27]. http://www.emep.int/

实验四　环境空气和室内空气中一氧化碳的测定

　　一氧化碳（CO）是环境空气中一种无色、无臭、无味的有毒气体，也是环境空气监测中一种主要的常规污染物。它主要来自燃料的不完全燃烧，如工业生产、居民生活和汽车尾气排放，以及火山爆发、森林火灾等自然灾害。CO 易与人体血液中的血红蛋白结合形成碳氧血红蛋白，引起缺氧症状，轻者眩晕、头疼，重者脑细胞受到永久性损伤，甚至窒息死亡；对心脏病、贫血和呼吸道疾病的患者伤害性大，危害人体健康。

【实验目的】

1. 学习环境空气中 CO 非分散红外测定方法。
2. 掌握非分散红外吸收法的原理与 CO 测定仪的使用。

【实验原理】

　　样品空气以恒定的流量通过颗粒物过滤器进入仪器反应室，CO 选择性吸收以 4.7 μm 为中心波段的红外光，在一定的浓度范围内，红外光吸光度与 CO 浓度成正比。

【实验设备与材料】

一、实验仪器与设备

CO 测定仪：

测量范围：0 ~ 50 ppm[①]；

零点噪声：≤ 0.25 ppm；

最低检出限：0.5 ppm；

20% 量程精密度：≤ 0.5 ppm；

24 h 零点漂移：± 1 ppm；

24 h 20% 量程漂移：± 1 ppm；

响应时间：≤ 4 min。

二、实验材料与试剂

1. 零气：零气由零气发生装置产生，或由零气钢瓶提供，要求 CO < 20 ppb，不含碳氢化合物。

2. CO 标准气体（储于铝合金瓶中）：不确定度小于 1%，单位为 μmol/mol。

3. 采气袋、止水夹、双联球等。

4. 进样管路：应为不与 CO 发生化学反应的聚四氟乙烯、氟化聚乙烯丙烯、不锈钢或硼硅酸盐玻璃等材质。

5. 滤膜：材质为聚四氟乙烯，孔径 ≤ 5 μm。

6. 颗粒物过滤器：安装在仪器进样口之前。过滤器除滤膜外的其他部分应为不与 CO 发生化学反应的聚四氟乙烯、氟化聚乙烯丙烯、不锈钢或硼硅酸盐玻璃等材质。仪器如有内置颗粒物过滤器，则不需要外置颗粒物过滤器。

[①] 注：体积混合比，1 ppm=10^{-6}; 1 ppb=10^{-12}。

【实验步骤】

一、确定监测布点位置、监测时间、监测频率及方法

（一）环境空气测定

选择合适的环境空气监测点位，布设进样管路，开展短期或长期监测。因为 CO 是评价环境空气质量的常规大气污染物之一，通常在环境质量自动监测站上与其他 5 种常规大气污染物一起监测。

（二）室内空气测定

1.采样点的数量：采样点的数量根据监测室内面积大小和现场情况而确定，以期能正确反映室内空气污染物的水平。原则上室内面积不足 50 m^2 设置 1 ~ 3 个点；50 ~ 100 m^2 设置 3 ~ 5 个点；100 m^2 以上至少设置 5 个点。在对角线上或梅花式均匀分布。

2.监测点的位置：测点距离地面 0.5 ~ 1.5 m，原则上与人的呼吸带高度一致，距墙壁不小于 0.5 m，应避开通风口、通风道等。

二、采样

如不能进行现场原位自动在线监测，则需要用采气袋采样，再用 CO 测定仪在实验室进行离线分析。先用双联球将样品气体挤入采气袋中，放空后再挤入，如此清洗 3~4 次，最后挤满并用止水夹夹紧进气口。记录采样地点、采样日期和时间、采气袋编号。

三、CO 的测定

1. 确定仪器量程：仪器量程应根据当地不同季节 CO 实际浓度水平确定。当 CO 浓度低于量程的 20% 时，应选择更低的量程。

2. 仪器零点校准：接通电源待仪器稳定后，将零气接入仪器进气口，读数稳定后，调整仪器输出值等于零。

3. 仪器终点校准：将浓度为量程 80% 的标准气体通入仪器，读数稳定后，调整仪器输出值等于标准气体浓度值。

4. 零点与终点校准重复 2~3 次，使仪器处在正常工作状态。

5. 样品测定：将样品空气通入仪器，进行自动测定并记录 CO 浓度。

四、结果计算

1. CO 的质量浓度按照公式（1-11）进行计算：

$$\rho = \frac{28}{24.5} \times \varphi \qquad （公式 1-11）$$

式中，ρ — CO 质量浓度，mg/m³；28 — CO 摩尔质量，g/mol；24.5 — 参比状态下 CO 摩尔体积，L/mol；φ — CO 体积浓度，μmol/mol。

2. 测定结果的小数位与检出限一致，最多保留三位有效数字。

【质量控制与质量保证】

1. 仪器使用前，应按仪器说明书对仪器进行检验和标定。

2. 仪器零点检查、量程检查、线性检查、流量检查、校准的频次和指标按照 HJ 818—2018 执行。

3. 颗粒物过滤器的滤膜支架每半年至少清洁一次；滤膜一般每 2 周更换一

次，颗粒物浓度较高地区或浓度较高时段，应视滤膜实际污染情况增加更换频次。

4.采样支管每月应进行气密性检查，每半年清洗一次，必要时更换。

【思考题】

1.分析影响空气中 CO 监测准确性的因素，如何改进？

2.CO 监测还有哪些方法？其原理是什么？谈谈这些方法的优劣。

【常见问题】

1.CO 为有毒气体，监测实验操作过程中应防止泄漏，事先做好防护工作。

2.空气中 CH_4、CO_2、水蒸气等非待测组分对 CO 测定结果存在影响，采用气体滤波相关技术及多次反射气室结构，可消除空气中 CH_4、CO_2 等非待测组分的干扰，采用干燥剂可去除水蒸气干扰。

3.更换采样系统部件和滤膜后，应以正常流量采集至少 10 min 样品空气，进行饱和吸附处理，期间产生的测定数据不作为有效数据。

【小知识】

1.CO 是一种重要的大气污染物，是环境空气常规监测六参数之一。同时，

CO 在生产生活中广泛应用于化学工业、冶金工业、监测检测和科学研究等领域，也常用于鱼类、肉类、果蔬及袋装大米的保鲜，特别是生鱼片的保鲜。

2. 大气对流层中 CO 的浓度约为 0.1~2 ppm，这种含量对人体无害。但由于全球范围内生产、运输规模不断发展，煤和石油等化石燃料的消耗量持续增长，人为源 CO 的排放量随之增多。

【参考文献】

［1］生态环境部 . 环境空气 一氧化碳的自动测定 非分散红外法：HJ 965—2018[S].

［2］环境保护部 . 环境空气气态污染物（SO_2、NO_2、O_3、CO）连续自动监测系统技术要求及检测方法：HJ 654—2013[S].

［3］生态环境部 . 环境空气气态污染物（SO_2、NO_2、O_3、CO）连续自动监测系统运行和质控技术规范：HJ 818—2018[S].

［4］国家卫生和计划生育委员会，国家标准化管理委员会，公共场所卫生检验方法 第 2 部分：化学污染物：GB/T 18204.2—2014[S].

| 实验五 | 环境空气中臭氧的离线测定 |

臭氧（O_3）是环境空气中一种常见的氧化剂，具有强烈的刺激性。O_3 在光照条件下能产生大量的 OH 自由基，而 OH 自由基是对流层主要的氧化剂。在平流层，O_3 的浓度较高，能强烈吸收紫外线，保护人和其他生物免受紫外辐射的危害。但是，对流层 O_3 超过一定浓度将对人体健康和其他生物产生危害。靛蓝二磺酸钠分光光度法是一种常见的测量空气中 O_3 的方法，对于对流层 O_3 的监测和控制意义重大。

【实验目的】

1.掌握环境空气中 O_3 样品的采集和保存方法。

2.掌握使用靛蓝二磺酸钠分光光度法测定环境空气样品中 O_3 浓度的方法。

【实验原理】

空气中的 O_3 在磷酸盐缓冲溶液存在下，与吸收液中蓝色的靛蓝二磺酸钠（$C_{16}H_8O_8Na_2S_2$，简称 IDS）等摩尔反应，褪色生成靛红二磺酸钠，在 610 nm 处测量吸光度，根据蓝色减退的程度定量空气中 O_3 的浓度。

【实验设备与材料】

　　本方法除非另有说明，分析时均使用符合国家 A 级标准的玻璃量器；所用试剂均使用符合国家标准的分析纯化学试剂，实验用水为新制备的去离子水或蒸馏水。

一、实验仪器与设备

　　1. 空气采样器：流量范围 0.0~1.0 L/min，流量稳定。使用时，用皂膜流量计校准采样系统在采样前和采样后的流量，相对误差应小于 ±5%。

　　2. 分光光度计：具 20 mm 比色皿，可于波长 610 nm 处测量吸光度。

　　3. 生化培养箱或恒温水浴：温控精度为 ±1℃。

二、实验材料与试剂

　　1. 多孔玻板吸收管：内装 10 mL 吸收液，以 0.50 L/min 流量采气，玻板阻力应为 4~5 kPa，气泡分散均匀。

　　2. 具塞比色管：10 mL，6 支。

　　3. 水银温度计：精度为 ±0.5℃。

　　4. 一般实验室常用玻璃仪器。

　　5. $KBrO_3$ 标准储备液，$c(1/6\ KBrO_3)$=0.1000 mol/L：准确称取 1.3918 g KBr（优级纯，烘箱中 180℃烘 2 h），置烧杯中，加入少量水溶解，移入 500.00 mL 容量瓶中，用水稀释至标线。

　　6. $KBrO_3$-KBr 标准溶液，$c(1/6\ KBrO_5)$=0.0100 mol/L：吸取 10.00 mL $KBrO_3$ 标准储备液于 100.00 mL 容量瓶中，加入 1.0 g KBr，用水稀释至标线。

　　7. $Na_2S_2O_3$ 标准储备液，$c(Na_2S_2O_3)$= 0.1000 mol/L。

8. Na$_2$S$_2$O$_3$ 标准工作溶液，c(Na$_2$S$_2$O$_3$)= 0.0050 mol/L：临用前，取 Na$_2$S$_2$O$_3$ 标准储备液用新煮沸并冷却到室温的水准确稀释 20 倍。

9. H$_2$SO$_4$ 溶液，1+6。

10. 淀粉指示剂溶液，ρ=2.0 g/L：称取 0.20 g 可溶性淀粉，用少量水调成糊状，慢慢倒入 100 mL 沸水，煮沸至溶液澄清。

11. 磷酸盐缓冲溶液，c(KH$_2$PO$_4$-Na$_2$HPO$_4$)=0.050 mol/L：称取 6.8 g KH$_2$PO$_4$、7.1 g 无水 Na$_2$HPO$_4$，溶于水，稀释至 1000.00 mL。

12. IDS，分析纯、化学纯或生化试剂。

13. IDS 标准储备液：称取 0.25 g IDS 溶于水，移入 500.00 mL 棕色容量瓶内，用水稀释至标线，摇匀，在室温暗处存放 24 h 后标定。此溶液在 20℃ 以下暗处存放，可稳定 2 周。

标定方法：准确吸取 20.00 mL IDS 标准储备液于 250 mL 碘量瓶中，加入 20.00 mL KBrO$_3$-KBr 溶液，再加入 50.00 mL 水，盖好瓶塞，在 16±1℃ 生化培养箱（或水浴）中放置至溶液温度与水浴温度平衡时，加入 5.0 mL H$_2$SO$_4$ 溶液，立即盖塞、混匀并开始计时，于 16±1℃ 暗处放置 35±1.0 min 后，加入 1.0 g KI，立即盖塞，轻轻摇匀至溶解，暗处放置 5 min，用 Na$_2$S$_2$O$_3$ 溶液滴定至棕色刚好褪去呈淡黄色，加入 5 mL 淀粉指示剂溶液，继续滴定至蓝色消退，终点为亮黄色。记录所消耗的 Na$_2$S$_2$O$_3$ 标准工作溶液的体积。

每毫升 IDS 溶液相当于 O$_3$ 的质量浓度 ρ（μg/mL）由下式计算：

$$\rho = (c_1 V_1 - c_2 V_2) \times 12.00 \times 10^3 / V \qquad （公式 1-12）$$

式中，ρ —每毫升 IDS 溶液相当于 O$_3$ 的质量浓度，μg/mL；c_1—KBrO$_3$-KBr 标准溶液的浓度，mol/L；V_1—加入 KBrO$_3$-KBr 标准溶液的体积，mL；c_2—滴定时所用 Na$_2$S$_2$O$_3$ 标准溶液的浓度，mol/L；V_2—滴定时所用 Na$_2$S$_2$O$_3$ 标准溶液的体积，mL；V—IDS 标准储备液的体积，mL；12.00—O$_3$ 的摩尔质量（1/4 O$_3$），g/mol。

14. IDS 标准工作溶液：将标定后的 IDS 标准储备液用磷酸盐缓冲溶液逐级稀释成每毫升相当于 1.00 μg O$_3$ 的 IDS 标准工作溶液，此溶液于 20℃以下暗处存放，可稳定 1 周。

15. IDS 吸收液：取适量 IDS 标准储备液，根据空气中 O_3 质量浓度的高低，用磷酸盐缓冲溶液稀释成每毫升相当于 2.5 μg（或 5.0 μg）O_3 的 IDS 吸收液，此溶液于 20℃以下暗处存放，可保存 1 个月。

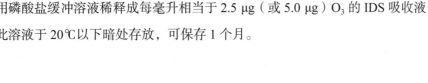

【实验步骤】

一、样品采集

（一）样品的采集与保存

用内装 10.00 ± 0.02 mL IDS 吸收液的多孔玻板吸收管，罩上黑色避光套，以 0.5 L/min 流量采气 5~30 L。当吸收液褪色约 60% 时（与现场空白样品比较），应立即停止采样。样品在运输及存放过程中应严格避光。当确信空气中 O_3 的质量浓度较低，不会穿透时，可以用棕色玻板吸收管采样。样品于室温暗处存放，至少可稳定 3 天。

（二）现场空白样品

用同一批配制的 IDS 吸收液，装入多孔玻板吸收管中，带到采样现场。除了不采集空气样品外，其他环境条件保持与采集空气的采样管相同。每批样品至少带两个现场空白样品。

二、实验室分析

（一）标准曲线的绘制

取 10 .00 mL 具塞比色管 6 支，按表 1-5 制备标准色列。

表 1-5　标准色列制备时 IDS 标准溶液和磷酸盐缓冲溶液添加量

管号	1	2	3	4	5	6
IDS 标准溶液 /mL	10.00	8.00	6.00	4.00	2.00	0.00
磷酸盐缓冲溶液 /mL	0.00	2.00	4.00	6.00	8.00	10.00
O_3 质量浓度 /（$\mu g \cdot mL^{-1}$）	0.00	0.20	0.40	0.60	0.80	1.00

各管摇匀，用20 mm 比色皿，以水作参比，在波长610 nm 下测量吸光度。以校准系列中零浓度管的吸光度（A_0）与各标准色列管的吸光度（A）之差为纵坐标，O_3 质量浓度为横坐标，用最小二乘法计算校准曲线的回归方程：

$$y = bx + a \qquad (公式 1\text{-}13)$$

式中，y—空白样品的吸光度与各标准色列管的吸光度之差，A_0—A；x—O_3 质量浓度，$\mu g/mL$；b—回归方程的斜率；a—回归方程的截距。

（二）样品测定

采样后，在吸收管的入气口端串接一个玻璃尖嘴，在吸收管的出气口端用吸耳球加压，将吸收管中的样品溶液移入 25.00 mL(或 50.00 mL)容量瓶中，用水多次洗涤吸收管，使总体积为 25.00mL(或 50.00 mL)。用 20 mm 比色皿，以水作参比，在波长 610 nm 下测量吸光度。

三、结果计算

空气中 O_3 质量浓度按下式计算：

$$\rho(O_3) = (A_0 - A - a) \times V/(b \times V_0) \qquad (公式 1\text{-}14)$$

式中，$\rho(O_3)$—空气中 O_3 的质量浓度，mg/m^3；A_0—现场空白样品吸光度的平均值；A—样品的吸光度；b—标准曲线的斜率；a—标准曲线的截距；V—样品溶液的总体积，mL；V_0—换算为标准状态（ 101.325 kPa、273 K ）的采样体积，L。

所得结果精确至小数点后三位。

【质量控制与质量保证】

1. 测量范围

当采样体积为 30 L 时，本方法测定空气中 O_3 的检出限为 0.010 mg/m³，测定下限为 0.040 mg/m³。当采样体积为 30 L 时，吸收液质量浓度为 2.5 μg/mL 或 5.0 μg/mL 时，测定上限分别为 0.50 mg/m³ 或 1.00 mg/m³。当空气中 O_3 质量浓度超过该上限时，可适当减少采样体积。

2. 干扰和排除

空气中的 NO_2 可使 O_3 的测定结果偏高，约为 NO_2 质量浓度的 6%。空气中 SO_2、H_2S、PAN 和 HF 的质量浓度分别高于 750 μg/m³、110 μg/m³、1800 μg/m³ 和 2.5 μg/m³ 时，干扰 O_3 的测定。空气中 Cl_2、ClO_2 的存在使 O_3 的测定结果偏高。但在一般情况下，这些气体的浓度很低，不会造成显著误差。

3. 准确度和精密度

6 个实验室 IDS 标准曲线的斜率在 0.863~0.935，平均值为 0.899。6 个实验室测定 0.085~0.918 mg/L 三个质量浓度水平的 IDS 标准溶液，每个质量浓度水平重复测定 6 次，重复性精密度 ≤ 0.004 mg/L，再现性精密度 ≤ 0.030 mg/L。6 个实验室测定质量浓度范围在 0.088~0.946 mg/m³ 的 O_3 标准气体，重复性变异系数小于 10%，相对误差小于 ±5%。

【思考题】

1. 对于采样点的选择应该注意哪些问题？

2. 靛蓝二磺酸钠分光光度法与自动在线监测使用的紫外光度法相比有何优劣？

1. IDS 标准溶液标定：市售 IDS 不纯，作为标准溶液使用时必须进行标定。用 KBrO$_3$-KBr 标准溶液标定 IDS 的反应，需要在酸性条件下进行，加入 H$_2$SO$_4$ 溶液后反应开始，加入 KI 后反应即终止。为了避免副反应，必须严格控制培养箱（或水浴）温度（16±1℃）和反应时间（35±1.0 min）。一定要等到溶液温度与培养箱（或水浴）温度达到平衡时再加入 H$_2$SO$_4$ 溶液，加入 H$_2$SO$_4$ 溶液后应立即盖塞，并开始计时。滴定过程中应避免阳光照射。

2. IDS 吸收液的体积：本方法为褪色反应，吸收液的体积直接影响测量的准确度，所以装入采样管中吸收液的体积必须准确，最好用移液管加入。采样后向容量瓶中转移吸收液应尽量完全（少量多次冲洗）。装有吸收液的采样管，在运输、保存和取放过程中应防止倾斜或倒置，避免吸收液损失。

3. O$_3$ 可以被植被吸收，测量时应当远离植被。

【小知识】

1. O$_3$ 的分布与来源。O$_3$ 是天然大气的重要微量组分，平均含量为（0.01~0.1）×10^{-6}（体积分数），大部分集中在平流层，对流层仅占 10% 左右。对流层 O$_3$ 的天然源最主要的有平流层输入和光化学生成两种，人为源有交通、燃煤和生物质燃烧等。

2. O$_3$ 的作用。O$_3$ 在平流层起到保护人类与环境的重要作用，但是，在对流层大气中浓度过高会对人体健康和生物造成危害，例如，对人体眼睛和呼吸道的刺激作用、对肺功能的影响等。

【参考文献】

［1］环境保护部 . 环境空气 臭氧的测定 靛蓝二磺酸钠分光光度法: HJ 504—2009[S].

［2］唐孝炎，张远航，邵敏 . 大气环境化学 [M]. 北京 : 高等教育出版社，2006.

实验六　大气颗粒物样品采样膜的准备

　　大气颗粒物监测方法分为手工监测和自动监测两类。手工监测方法即重量法，是全球公认的大气颗粒物质量浓度测量经典方法。自动监测方法是作为重量法的等效方法来监测大气颗粒物浓度，主要包括微量振荡天平法（TEOM）、β射线法和光散射法。大气颗粒物（$PM_{2.5}$或PM_{10}）中重金属和颗粒有机物等化学组成通常以手工监测为基础来进行分析测定，因此，手工监测在环境空气颗粒物监测中具有不可替代的作用和意义。手工监测中可根据监测目的选用玻璃纤维膜、石英纤维膜等无机滤膜或聚四氟乙烯、聚氯乙烯、聚丙烯、混合纤维素等有机滤膜。本实验选择的滤膜是聚四氟乙烯膜和石英纤维膜（简称石英膜）。

【实验目的】

1. 掌握超净实验室的使用规范。
2. 掌握聚四氟乙烯（Teflon）膜的称量方法。
3. 掌握小石英膜及石英膜盒的准备方法。

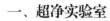
【实验原理】

一、超净实验室

（一）简介

　　超净实验室是一个总体空气净化级别 2000 级、局部空气净化 100~300 级的实验室，它的空气经过初、中、高三级过滤大气颗粒物、有机和无机污染物，除去环境空气中颗粒物和气态污染物，能够有效地控制空气本底，尽可能做到精确称量所需要的清洁及温度和湿度受控的实验环境。

（二）组成

　　超净实验室主要由四部分组成：更衣室，风淋室，天平室（称量室）和平衡室（或平衡箱）。

　　1. 更衣室。更衣室主要用于实验人员更换工作服。由于实验室内要保持恒温恒湿（20±1℃，40%±3%）的洁净环境，所以在进入实验室前实验人员必须换上工作服，并戴上工作帽、鞋套，以防衣服、鞋子以及头发上带入灰尘颗粒等杂物。

　　2. 风淋室。风淋室是为实验人员进出洁净区所设置的专用通道，可以有效地降低外部人员进入洁净区所带来的大气污染。其工作原理是：经高效过滤器过滤后的洁净气流由可旋转喷嘴从各个方向喷射至人身上，25 m/s 以上的高风速确保了有效的喷射，微粒经过粗高两级过滤器基本过滤掉，从而有效且迅速地清除尘埃粒子。

　　3. 天平室（称量室）。天平室的环境条件应符合 JJG 1036—2018 标准中的有关要求。一般使用十万分之一天平在天平室对采样膜进行称量。天平室温、湿度条件应与恒温恒湿（20±1℃，40%±3%）设备保持一致。记录恒温恒湿设备平衡温度和湿度，应确保滤膜在采样前后平衡条件一致。

　　4. 平衡室。在平衡室对采样膜（包括采样前与采样后）进行至少 24 h 的平衡处理，减小膜上水分对称重准确度的影响，保证称量的准确性。平衡条

件：温度一般控制在 20℃，精度 ±1℃；湿度应控制在 40%±3%。

（三）使用规范

1. 使用超净实验室需要提前预约，在实验室门口填写预约表格，包括操作人、预约时间、实验目的等。

2. 进入天平室和平衡室工作前在更衣室内穿戴工作服、工作帽以及鞋套，不允许携带食品、水、电脑等可释放热量和水分的物品。

3. 在更衣室内的记录本上记录当次实验人员信息，包括使用日期、使用者姓名、实验目的以及进入实验室的时间（实验完成时还要记录离开实验室的时间），检查空压机是否正常运行，检查微压差计的正压值，正压值低于 10 Pa 时要更换过滤器，如果没有正压，检查是否关门、是否有异物堵塞。

4. 穿戴好后进入风淋室。每次只能一人进入风淋室，打开绿色风淋室开关（按"ON"键），在风淋的过程中，转动身体以保证身体各个方向都受到风淋除尘。风淋时间大概为 1~2 min。结束时关掉红色开关（按"OFF"键）。如风淋室内光线过暗，可打开白色照明开关，再次按下白色开关可关闭照明。

5. 进入天平室。每次在天平室和平衡室中的人数不得超过两人，从平衡室中取出已经平衡好的采样膜，进行称量。称量前在实验记录本上记录实验人员姓名、实验开始时间以及实验开始时的湿度和温度。

6. 称量使用专门的记录表格，表格内容包括采样前后平衡开始和结束的日期、时间、温度、湿度和操作人，采样前后称量开始和结束的日期、时间、温度、湿度和操作人，每个样品膜的编号、膜的种类，采样前后分别两次称量的结果，采样前后发生的特殊情况。

7. 称量结束后，关闭天平，按住天平控制板上的"ON/OFF"键几秒钟。在实验记录本上记录实验结束时间、实验持续时间、结束时的温度和湿度，以及实验仪器的使用情况。在实验过程中如果出现任何异常现象（包括仪器与操作异常），都要在记录本上详细记录。

8. 离开天平室之前，要清理实验台，保持实验台整洁。

9. 关掉天平室的灯，关好门并在更衣室内的记录本上记录离开时间和仪器使用状况。最后关掉更衣室内电灯方可离开。

【实验设备与材料】

一、实验仪器与设备

十万分之一天平、马弗炉。

二、实验材料与试剂

铣子、广口瓶、镊子、称膜记录纸、记号笔、密封袋、聚四氟乙烯（Teflon）膜、石英纤维膜、棉花（二氯甲烷超声后）、铝箔。

【实验步骤】

一、聚四氟乙烯膜的称量

1. 进入更衣室，穿戴工作服、工作帽以及鞋套，在更衣室内的记录本上记录当次使用实验人员信息（使用日期、使用者姓名、实验目的以及进入实验室的时间、离开实验室的时间），检查空压机是否正常运行，检查微压差计的正压值。

2. 进入风淋室，每次一人，打开绿色风淋室开关，风淋过程中转动身体以保证各个方向都受到风淋除尘，时间 1~2 min，结束时关掉红色开关，如光线过暗，可打开白色照明开关。

3. 进入天平室，每次天平室和平衡室中人数不超过两人，在实验记录本上记录实验人员姓名、实验开始时间及开始时湿度和温度，称量时使用专门

记录表格，包括采样前后平衡开始和结束的日期、时间、温度、湿度和操作人，采样前后称量开始和结束的日期、时间、温度、湿度和操作人，每个样品膜的编号（Teflon膜要记录膜上生产编号）、膜的种类，采样前后分别两次称量的结果，采样前后发生的特殊情况。

4. 从平衡室中取出已平衡好的采样膜，用十万分之一电子天平称量（表1-6）。

（1）调零。将铝箔放在天平正中间，关闭天平侧门（手在天平前端两侧的红外感应区划过或按天平前端面板两侧的开门键），读数稳定后按"ON/OFF"，待显示屏上出现"0.00000"，表示调零校正完成。

（2）除静电处理。用镊子夹住样品膜（Teflon膜边缘有支撑环，要夹住膜边缘的支撑环，如没有支撑环，应尽量夹住边缘，以免污染样品），将采样膜在除静电器电极之间运动2~3次，以除掉样品上的电荷。

（3）读数。用手轻触红外开关，天平侧门打开。将样品膜轻放在天平上的铝箔中间。再用手轻触红外开关，侧门关闭。此时显示屏数字不断发生变化，当显示屏上左上角出现"○"时，表示天平在调整过程中；"○"消失说明天平已经平衡，若读数在3~5 s内没有变化，则可以记录读数。

（4）记录读数后，开启侧门，用镊子取出采样膜放回膜盒中。

（5）每张采样膜需称量两遍，每三张样品膜为一组，每组在称量前和称量后都要使天平归零（让天平自然平衡，若天平读数为"0.00000"，则无须校正，可继续称量；如不为"0.00000"，则需要再次按"ON/OFF"，使得读数为"0.00000"）。如发现天平没有归零，在表格上记录，强行归零后重新称量上一组样品。

5. 称量结束后，关闭天平，按住天平控制板上的"ON/OFF"键几秒钟。在实验记录本上记录实验结束时间，实验持续时间，结束时的温度和湿度，以及实验仪器的使用情况。在实验过程中如果出现任何异常现象（包括仪器与操作异常），都要在记录本上详细记录。

6. 清理实验台，保持实验台整洁，关掉天平室的灯，关好门并在更衣室内的记录本上记录离开时间和仪器使用状况，关掉更衣室内电灯，离开。

表 1-6　Teflon 膜称量记录（例）

膜状态		日期和时间		温度和湿度		操作者
		开始时间	结束时间	开始时间	结束时间	
采样前平衡						
采样前称量						
采样后平衡						
采样后称量						
编号	膜盒编号	膜号	采样前		采样后		备注	
			第一次	第二次	第一次	第二次	采样前	采样后
1								
2								
3								
4								
注意：每批膜称量的数量应该少于 20								

备注：需要在称膜记录纸上记录称量时间、温度、湿度、操作人姓名、膜盒编号（Code）、膜编号（Filter）等。① 膜编号：Teflon 膜外圈聚丙烯压环上的编号，一张 Teflon 膜对应一个特定的编号，如 P6666666。② 膜盒编号：用于放置新膜的 petridish 盒上的编号，一般以采样站点的拼音首字母和数字来编号，在称量记录表格中流水号与膜号相对应，如 PKU001，即表示采样地点为北大，为第一个膜盒，且这批膜的数量约为上百个；若为 GZ01，则表示采样地点为广州，这批膜的数量为数十个。

二、石英纤维膜及膜盒的准备

1. 铳膜。直径 47 mm 的石英膜是用圆形铳子从大石英膜上铳出的。每次将不多于 2 张的大石英膜重叠，每张大的石英膜用铳子可依次铳出大约 20（4×5）张 47 mm 石英膜。将铳好的石英膜放入事先折好的铝箔袋中，每个铝箔袋一般装约 50 张 47 mm 石英膜。

2. 烧膜。将装石英膜的铝箔袋敞口放到马弗炉中，在 550℃条件下保持

6 h并在马弗炉使用记录本上做好记录。烧好后关掉马弗炉电源，将炉门打开一小缝，待石英膜自然冷却后再取出，取出后将铝箔袋的口封好。

3. 包膜盒。由于petridish盒为有机材料，不能与石英膜直接接触，盒内需用一层铝箔覆盖，否则样品可能被膜盒污染。将在550℃烧5.5 h的一张铝箔（大约60 mm×60 mm，注意正反面）包裹在橡胶塞上，然后用另外一张铝箔放到盒盖内侧。用包裹了干净铝箔的橡胶塞将铝箔压到内侧底部，包住盒盖内侧，保证底部尽量平整，用手将四周多余的铝箔按压在膜盒的边缘。将另一张铝箔放在盒底，用橡胶塞把铝箔压入盒底，保证底部尽量平整，用手将四周多余的铝箔按压在膜盒的边缘。最后，合上盒底和盒盖后打开，检查是否有破损。如果有破损，则重复以上包膜盒步骤，如果没有破损，则合上后保存。注意：橡胶塞上的铝箔要经常更换。

【质量控制与质量保证】

1. 天平校准质量控制。保证天平称量室的整洁，每次称量前应按照分析天平操作规程校准分析天平，称量前应检查分析天平的基准水平，并根据需要进行调节。分析天平技术性能应符合JJG 1036—2018的规定。

2. 滤膜称重。称量前应首先打开分析天平屏蔽门，至少保持1 min，使分析天平称量室内温、湿度与外界达到平衡。Teflon膜每组称量完毕后，需要再称第二遍，两次的称量结果之间若相差0.000 04 g，则满足恒重要求；若相差大于0.000 04 g，则需要重新对膜进行第三次称量。称量时应消除静电影响并尽量缩短操作时间。采样前后滤膜称量应使用同一台分析天平。

3. 铣子和镊子用前需要先用自来水超声三次，再用去离子水超声三次，最后用二氯甲烷超声一次，每次都为20 min，晾干后用烧过的铝箔包好镊子尖头和铣子前端与膜接触的部分。将大片的棉花撕成小片，放进广口瓶中，加二氯甲烷超声三次，每次20 min。包膜盒所用之前铝箔需要在马弗炉550℃烧5.5 h。

【思考题】

1. 膜称量与化学分析的称量有何不同?

2. 环境监测膜称量与普通化学实验分析称量有什么不同?

3. 实验中石英纤维膜可能受到哪些污染?

【常见问题】

1. 称膜时注意镊子不能触碰到膜上,防止夹破膜,镊子只能夹在膜的边缘。

2. 注意称量时拿稳镊子,防止膜的掉落。

3. 称量前膜需要消除静电。

4. "○"消失后需要等待读数 3~5 s 稳定后才可以读数。

5. 注意称膜结束后不要把称膜记录纸带走,需要拍照或者自己抄写实验记录。

【小知识】

与大气颗粒物相关的术语:

1. 环境空气(ambient air):指人群、植物、动物和建筑物所暴露的室外空气。

2. 总悬浮颗粒物(total suspended particle,TSP):环境空气中空气动力学当量直径小于等于 100 μm 的颗粒物。

3. PM_{10}:指环境空气中空气动力学当量直径小于等于 10 μm 的颗粒物(也

称可吸入颗粒物）的质量浓度。

4. $PM_{2.5}$: 指环境空气中空气动力学当量直径小于等于 2.5 μm 的颗粒物（也称细颗粒物）的质量浓度。

5. 标准状态（standard state）: 指温度为 273.15 K，压力为 101.325 kPa 时的状态。

6. 参比状态（reference state）: 指大气温度为 298.15 K，大气压力为 101.325 kPa 时的状态。

【参考文献】

[1] 环境保护部 . 环境空气质量标准 : GB 3095—2012[S].

[2] 环境保护部 . 环境空气颗粒物（$PM_{2.5}$）手工监测方法（重量法）技术规范 : HJ 656—2013[S].

[3] 环境保护部 . 环境空气 PM_{10} 和 $PM_{2.5}$ 的测定 重量法 : HJ 618—2011[S].

[4] 生态环境部 . 环境空气颗粒物来源解析监测技术方法指南 [S], 2020.

环境空气颗粒物（PM_{10} 和 $PM_{2.5}$）样品采集

环境空气颗粒物或大气颗粒物（PM_{10} 和 $PM_{2.5}$）样品的离线手工采样一般通过惯性碰撞、截留、重力沉降、静电吸引、热力或扩散等原理将颗粒物从环境空气中分离出来，该方法将颗粒物截留在聚四氟乙烯膜、石英纤维膜等采样膜上，被称为膜采样法。该方法简单易行、技术灵活、设备经济，且所采的样品可用多种分析仪器获得颗粒物（PM_{10} 和 $PM_{2.5}$）和化学组成的质量浓度。因此，膜采样法具有不可替代性。颗粒物采样器是非实时监测中使用的重要仪器。采样器的种类有很多，根据流量可分为：大流量采样器、中流量采样器和小流量采样器。根据采样器通道可分为：单通道、双通道和多通道采样器。

【实验目的】

1. 掌握四通道采样器的原理、标定和使用方法。
2. 掌握大流量采样器的原理、标定和使用方法。
3. 掌握大气颗粒物离线膜采样的前期准备与采样操作。

【**实验原理**】

采样器以恒定采样流量抽取环境空气，使环境空气中 $PM_{2.5}$ 和 PM_{10} 被截留在滤膜上，根据监测目的和后续分析选择不同类型的滤膜。采样器由进样口、切割头、膜托、泵、流量控制和其他控制设备组成。

$PM_{2.5}$ 和 PM_{10} 采样器在监测站点的采样流量，一般有以下几种：大流量采样器采样流量为 $1.05 \ m^3/min$；中流量采样器采样流量为 $80{\sim}120 \ L/min$；小流量采样器采样流量为 $16.7 \ L/min$。

一、四通道采样器

（一）仪器介绍

大气颗粒物进入四通道采样器同一个进样口后，分成 4 个通道，每个通道拥有独立的切割头进行颗粒物粒径筛选，4 个通道的流量均为 $16.7 \ L/min$。采样时可以按照后续化学分析的需要配置采样膜。大气颗粒物四通道采样器采集的样品可以满足对环境空气中 PM_{10} 或 $PM_{2.5}$ 质量浓度，无机阴阳离子、无机元素、有机碳、无机碳及有机物化学组成等质量浓度的测量。

（二）仪器清洗及校准

1. 清洗切割器、膜托，检查气密性。切割器应定期清洗，清洗周期视当地空气质量状况而定。一般情况下累计采样 168 h 应清洗一次切割器，如遇扬尘、沙尘暴等恶劣天气，应及时清洗。具体步骤：切割器拆开后用自来水冲洗。自然晾干后，沿顺时针方向用生胶带把螺纹缠上一圈后再旋上以起到密封的作用。将膜托的上下垫片分开，放入烧杯中，先用洗涤剂加水在超声波清洗器中超声一次，再用自来水超声三次，最后用去离子水超声三次，每次超声都为 20 min。清洗后自然晾干。晾干后依次装回采样器上。将采样器插头与电源连接，并做好连接处的防水。

2. 环境温度检查和校准。用温度计检查采样器的环境温度测量示值误差，每次采样前检查一次，若环境温度测量示值误差超过 ±2℃，应对采样器进行温度校准。用气压计检查采样器的环境大气压测量示值误差，每次采样前检查一次，若环境大气压测量示值误差超过 ±1 kPa，应对采样器进行压力校准。

3. 流量标定。用流量校准器检查采样流量，一般情况下累计采样 168 h 检查一次，若流量测量误差超过采样器设定流量的 ±2%，应对采样流量进行校准。

二、大流量采样器

（一）仪器介绍

大流量采样器的切割头有 $PM_{2.5}$ 和 PM_{10} 两种。使用的采样膜为石英纤维膜（20.3 cm × 25.4 cm）。主要用于元素碳、有机碳和颗粒有机物化学组成质量浓度的测定。

（二）仪器清洗及校准

具体方法与四通道采样器的方法相同。

【实验设备与材料】

一、实验仪器与设备

四通道采样器；

大流量采样器；

皂膜流量计；

大流量标定器。

二、实验材料与试剂

称量好的 Teflon 膜、烘烤好的石英膜和包裹石英膜用的铝箔（马弗炉 550℃烘烤 5.5 h 后）；

铝箔，中性笔、记号笔，采样记录纸；

密封袋；

镊子（先用自来水超声三次，再用去离子水超声三次，最后用二氯甲烷超声一次，每次都为 20 min，晾干后用烧过的铝箔包好镊子尖头与膜接触的部分）；

保温箱（用于存放镊子、石英膜、脱脂棉、铝箔、记号笔、采样记录表格等物品）；

脱脂棉（将大片的脱脂棉撕成小片，放进广口瓶中，加二氯甲烷超声三次，每次 20 min）。

【实验步骤】

一、四通道采样器流量校正、采样及换膜

1. 流量校正。打开采样器电源，进入参数校正——流量标定面板，拔下四个通道膜托后的管子（轻按连接处的垫圈即可将管子拔出），将第一个通道的管子与皂膜流量计连接。按仪器面板上的"3"键控制泵的开关，"1"为增加泵的流量，"2"为减少泵的流量。调节仪器泵前阀的大小，使皂膜流量计的示数约等于 16.7 L/min，然后调节仪器系数，使仪器显示屏的示数约等于皂膜流量计的示数，方法为按"Enter"进入编辑状态，按数字键进行修改，最后按"Enter"键确定，标定完毕后按"Esc"退出编辑状态。标定一个通道后，按"3"键使泵停止，将第二个通道的管子与皂膜流量计连接。重复上述步骤，标定第二、三、四个通道。更多详细采样流量校准方法参见环境空气颗粒物

（PM₂.₅）手工监测方法（重量法）技术规范（HJ 656—2013）。

2. 采样前进行滤膜检查。滤膜应边缘平整、厚薄均匀，无毛刺、无污染，不得有针孔或任何破损。用镊子夹取脱脂棉擦拭取下的膜托及仪器中与膜托接触的部分。

3. 使用 Teflon 膜进行采样时，将使用 Teflon 膜的流水号与膜号记录在采样记录表中。用镊子从膜盒中夹出膜，放到膜托上，小心合上膜托，然后将膜托安放回原位。夹取时要夹在膜边缘处的压环，不得接触膜内部。换完膜后，用记号笔在膜盒上写上样品号，并记录在表中，同时记录采样时段的天气状况。注意：天气情况为采样阶段内的天气情况，在将膜换下时一般要补记采样时段发生的特殊情况，尤其是下雨，起风等。

4. 使用石英膜进行采样时，用镊子从铝箔袋里夹出石英膜，放到膜托上（注意正、反面，毛面为正面，有规则网格状的为反面），小心合上膜托，然后将膜托旋转安放回原位。换完膜后，用记号笔在膜盒上写上样品号，并记录在表中。

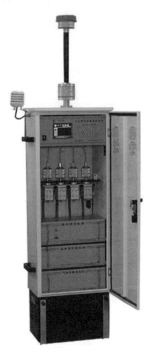

图 1-5 四通道采样器外观（左）及内部构造（右）。其中①~④分别为四通道开关按钮，流量/体积/压力等参数显示屏，切割头和膜托。

5. 从面板上进入采样设置——→采样时间，开启自动采样，设置采样时段。设置完成后退回到主界面，等待仪器自动开始采样。待仪器开始采样、流量显示稳定后，方可离开。

6. 采样结束后，取出膜托，将其打开，把膜移入膜盒中，同时换上新膜。把实际采样体积抄录在采样记录上。样品采集完成后，滤膜应尽快平衡称量或分析；如不能及时平衡称量或分析，应将滤膜放置在4℃条件下密闭冷藏保存，最长不超过30天。

附：四通道采样记录

表 1-7　四通道采样器记录表

采样点 / 监测点				操作者				
样品号	采样器 通道号	膜盒号	膜号	采样时段		采样体积		备注
				开始时间	结束时间	标态体积	常态体积	

备注：

膜号：Teflon膜外圈聚丙烯压环上的编号，一张Teflon膜对应一个特定的编号。如：P6666666。

膜盒号：用于放置新膜的膜盒上的编号，一般以采样站点的拼音首字母和数字来编号。在称量记录表格中流水号与膜号相对应。如：PKU001，即表示采样地点为北京大学，为第一个膜盒，且这批膜的数量约为上百个；若为GZ01，则表示采样地点为广州，这批膜的数量为数十个。

样品号：用于标记Teflon膜/石英膜的采样地点、日期和时段，标记在膜盒上。如：PKU080808D，表示采样地点是北京大学，日期是2008年8月8日，时段是白天，一般为早7:30—晚18:00；PKU080808N则表示采样时段是晚上，一般为晚18:30至第二天早7:00。

二、大流量采样器的采样及换膜

1. 流量校正。大流量的标定需要专用的大流量标定器，标定原理为利用流体产生的压力差进行标定。在有膜的状态下将标定器安装在采样器上，将标定器中的压力管连接上。压力管为双管连通器，一侧与标定器侧边的接口连接，内部压力由于流体具有一定速度而低于大气压，另一侧为大气压，产生的压力差会使得两侧有一个高度差，高度差和流量计算公式如下：

$$Q_a = 1/m\left(\sqrt{\triangle H(T_a/P_a)} - b\right)$$

其中，Q_a 为一定温度压力下的流量，$\triangle H$ 为高度差和 P_a，T_a 为温度，可以用采样期间平均温度，P_a 为压力。$m = 0.9438$，$b = -0.038\,932$，为实验室测量值。更多详细采样流量校准方法参见环境空气颗粒物（$PM_{2.5}$）手工监测方法（重量法）技术规范（HJ 656—2013）。

2. 从仪器上取下切割器（注意旋螺丝的时候要拧对角线位置的螺丝），平放在桌子上，取下膜托上层，用镊子夹取脱脂棉擦拭膜托的网格部分及仪器中与膜托接触的部分。

3. 取出铝箔袋，用镊子从袋子里夹出石英膜，放到膜托的网格部分（注意石英膜的正、反面，毛面为正面，有规则网格状的为反面），再盖上膜托上层，然后将切割器安放回原位，旋紧螺丝。换完膜后，在采样记录上做好相应记录。待到采样时间，开启仪器开关。

4. 到采样结束时间，关掉仪器开关，记录仪器的采样时间和体积。旋开螺丝，取下切割器，先将两个镊子压在采样后的石英膜上；取出一张铝箔，将石英膜对折后放入其中，过程中镊子尽量只接触石英膜边缘未采样的部分。折好铝箔，用记号笔在铝箔上写上样品号。然后换上新膜。采完样的膜带回实验室，放置在 -20℃ 条件下密闭冷冻保存。

附：大流量采样记录

表 1-8　大流量采样记录

采样膜编号 ID	开始时间	结束时间	累计体积/m³	标况体积/m³	天气情况	备注	操作人

【质量控制与质量保证】

1. 定期清洗切割器和采样管路，对采样器环境温度、大气压和流量进行检查（校准）。

2. 采样时，采样器的尾气应引导到远处，避免对采样的影响。

3. 向采样器中放置和取出滤膜时，应佩戴乙烯基手套等实验室专用手套，使用无锯齿状镊子。

4. 采样过程中应配置空白滤膜，空白滤膜应与采样滤膜一起进行恒重、称量，并记录相关数据。空白滤膜应和采样滤膜一起被运送至采样地点，不采样并保持和采样滤膜相同的时间，与采样后的滤膜一起运回实验室称量。空白滤膜前、后两次称量质量之差应远小于采样滤膜上的颗粒物负载量，否则此批次采样数据无效。仪器校正后连续采样前或后进行一次空白膜采样。

5. 若采样过程中停电，导致累计采样时间未达到要求，则该样品作废。

【思考题】

1. 为何使用四个通道的采样器？

2. 采样器采集完成的膜不及时取出会产生什么误差？

3. 四通道流量为什么分别是 16.7 L/min，而不是 16.7 × 4 L/min 合成一个通道？

4. 为何采样器至少放在地面一定高度以上？

【常见问题】

1. 换膜时注意脱脂棉不要太湿，擦完后须等试剂挥发后才可以放膜，否则会污染膜。

2. 不宜在风速较大或对监测影响较大的雨雪等天气条件下进行采样。

3. 换膜时镊子不要触碰到膜上的采样区域。

4. 大流量采样器换膜时螺丝应该对角拧开。

【小知识】

1. 空气质量指数（Air Quality Index, AQI）是定量描述空气质量状况的无量纲指数。2012 年 3 月国家发布的新空气质量评价标准中，污染物监测为 6 项：SO_2、NO_2、PM_{10}、$PM_{2.5}$、CO 和 O_3。空气质量分指数（Individual Air Quality Index，IAQI）是指单项污染物的空气质量指数。根据 AQI 的数值区间，空气质量可分为以下几个等级：0~50 为一级（优）；51~100 为二级（良）；101~150 为三级（轻度污染）；151~200 为四级（中度污染）；201~300 为五级（重度污染）；>300 为六级（严重污染）。具体空气质量分指数及对应的污染物项目浓度限值和空气质量分指数计算方法可以参考《环境空气质量指数（AQI）技术规定》（HJ 633—2012）。

2. 采样滤膜的选择是由采样设备和采样后化学分析的类型决定的。对于

PM采样，尤其是大流量采样，有必要使用低流动阻力滤膜材料以保持指定的流速。因此，大流量采样器中采用石英纤维膜，小流量或者中等流量的采样则使用聚四氟乙烯膜或者由混合纤维素酯制成的滤膜等。但是，在采样实验前必须进行测试，判断是否能得到等同的结果。如果要测量元素碳和有机碳，则必须用石英膜进行采样，因为玻璃纤维膜在加热过程中会融化，不能用于分析。如需要分析重金属元素，建议使用聚四氟乙烯膜或者石英膜，玻璃纤维膜对于特定元素经常会有很高的空白值。对矿物尘埃进行分析时最好不要使用石英膜，因为石英膜含有硅，并且在使用X射线技术时会存在吸收问题。

【参考文献】

［1］环境保护部.环境空气颗粒物（$PM_{2.5}$）手工监测方法（重量法）技术规范（HJ 656—2013）[S].

［2］环境保护部.环境空气PM_{10}和$PM_{2.5}$的测定重量法（HJ 618—2011)[S].

［3］环境保护部.环境空气质量指数（AQI)技术规定（HJ 633—2012）[S].

［4］环境保护部.环境空气颗粒物（PM_{10}和$PM_{2.5}$）采样器技术要求及检测方法（HJ 93—2013）[S].

［5］EMEP.EMEP manual for sampling and chemical analysis[EB/OL].(2001)[2021-12-27]. http://www.emep.int/

［6］张阳，张元勋，刘红杰，等.大气颗粒物采样器的研制与应用第四届中国科学院博士后学术年会暨工业经济与可持续发展学术会议论文集 [C].2012.

实验八 大气颗粒物碳质组分的离线测量

大气颗粒物（PM$_{10}$或PM$_{2.5}$）是我国最主要的空气污染物之一，而碳质组分是其中的重要组分，包括有机碳（Organic Carbon，OC），元素碳（Elemental Carbon，EC）和碳酸盐（Carbonate Carbon，CC）。其中，碳酸盐含量相对较低且性质稳定，所以一般认为总碳（Total Carbon，TC）是有机碳与元素碳之和。大气颗粒物碳质组分对环境空气质量、大气能见度、全球气候变化和人体健康等方面都有重要的影响，因此对大气颗粒物碳质组分的化学组成、变化特征及其环境和气候效应的研究是目前大气化学研究的一个焦点。

大气颗粒物中碳质组分的分析方法按照原理主要有光学法、热解法和热光法等。热光法是目前国际上使用最多的、公认较成熟的方法，根据光学修正方式不同分为热光透射法（Thermal-Optical Transmittance，TOT）和热光反射法（Thermal-Optical Reflectance，TOR）。本实验基于OC/EC分析仪，采用热光透射法，对采集到石英滤膜上的大气颗粒物在实验室进行碳质组分分析。

【实验目的】

1. 掌握有机碳/元素碳（OC/EC）分析仪的原理与操作方法。

2. 掌握大气颗粒物碳质组分基于膜采样离线测量的实验原理与方法。

3. 掌握大气颗粒物碳质组分的数据处理与分析方法，探讨相关科学问题。

【实验原理】

图 1-6 所示为 OC/EC 分析仪，是美国 EPA/NIOSH 推荐的分析大气颗粒物（PM_{10} 或 $PM_{2.5}$）中 OC 和 EC 含量的仪器。该仪器采用热光法测量颗粒物中 OC 和 EC 含量，辅助激光透射法校正 OC 和 EC 的切割点，仪器精密度为 ±10%，是目前最先进的分析大气颗粒物中 OC 和 EC 的仪器之一。

图 1-6　有机碳 / 元素碳（OC/EC）分析仪

图 1-7 所示为 OC/EC 分析仪的分析流程和程序升温与激光值变化过程示意。实验原理为：

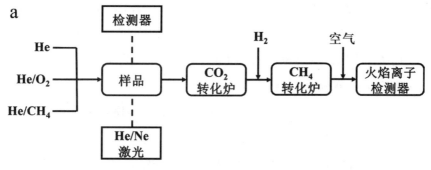

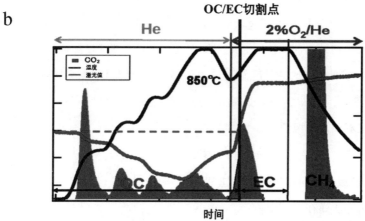

图 1-7　OC/EC 分析仪分析流程（图 a）和程序升温与激光值变化过程（图 b）示意

　　首先，在 He 载气的非氧化环境下逐级升温，较易挥发的 OC 从石英膜上释放，难挥发的 OC 则发生热解，热解的部分产物由于炭化转化为热解碳（Pyrolitic Carbon, PC），而另一部分也以 OC 的形式从膜上释放。

　　释放的 OC 随 He 进入 MnO_2 氧化炉后与 O_2 混合，在 MnO_2 催化下氧化为 CO_2，CO_2 随载气流出氧化炉后与 H_2 混合，并在镍催化下还原为 CH_4，然后进入火焰离子检测器（Flame Ionization Detector，FID）进行定量测定。此次程序升温过程挥发出的碳被认为是 OC。

　　首次程序升温结束后，转化炉开始冷却并将载气转换为 He/O_2 混合气进行第二次程序升温，此时膜上的 EC 会不断氧化并释放，随载气同样经 MnO_2 催化氧化和镍催化还原，转化为甲烷，进入 FID 检测。整个过程保持激光束（670 nm）透过石英膜，其透射光强首先随 OC 炭化减弱，然后当 He 切换成

He/O$_2$ 后，透射光强随 EC 氧化分解又逐渐增强。当恢复到最初光强时，认为该时刻为 OC、EC 分割点，即：此时刻之前检测出的碳都认为是 OC，之后检测出的碳都认为是 EC，根据 FID 检测信号的积分面积和参照甲烷内标气峰的积分面积的关系定量 OC 与 EC 含量。

热光法测量过程中，颗粒物样品在 He 环境下升温测定 OC 时，部分有机组分裂解产生一部分 EC，为修正这一部分 EC，引入光学手段。在升温前先记录下样品的透光率值，随着温度升高发生裂解，生成的 EC 附着在样品上使透光率变低。在加入氧气测定 EC 时，随着样品上 EC 的减少，透光率升高，当透光率值达到升温前的值时，此点即作为裂解产生的 EC 和样品中真正 EC 的分割点。分割点的选择是准确测量的关键，不同的分割点会导致测量得到的 OC/EC 不同，造成 OC/EC 的测量误差，这也是 OC/EC 在不同热光分析法下测量结果不一致的根源。

碳酸盐类（CC）在热光分析法中也会对 EC 和 OC 的分割点产生干扰，当 CC 对 EC 或 OC 的贡献可能超过 5% 时，应当对 CC 进行定量。目前对 CC 的定量分析方法尚在测试中。

【实验设备与材料】

一、实验仪器与设备

Sunset OC/EC 实验室分析仪。

二、实验材料与试剂

微量注射器（量程为 10 μL）；

铣子（1.45 cm^2）；

无水乙醇超声后的脱脂棉球；

干净的镊子；

干净的手套（如聚乙烯手套，一次性丁腈手套）、口罩；

蔗糖（分析纯），蔗糖标液（8 μg C/μL）；

高纯氦：纯度 99.999%；

高纯氢：纯度 99.999%；

氦氧混合气；

氦 - 甲烷混合气；

干净空气：无碳氢化合物。

【实验步骤】

一、预先准备与开机

1. 准备好实验材料，检查各钢瓶气量是否充足。

2. 打开仪器与电脑电源，打开气瓶总阀与分压阀，双击电脑中 OC/EC 图标启动软件，等待 10~15 s 至气流稳定。

3. 按动 FID 箱上的红色点火开关按钮，同时点击软件界面的点火提示，伴随着点火成功时一声微弱的"砰"的声音，使用带有亮光面的物体靠近 FID 出口，观察是否有冷凝水，以此判断 FID 是否点火成功。

4. 在石英舟中放入一张 1.45 cm^2 石英膜，然后在菜单中选择 Clean Oven 清洗炉子，若一次清洗后仍测出较高的 TC 含量，则多次清洗直至"Totel C"在 0.1 μg/cm^2 以下。

二、建立标准曲线与测定样品

1. 选择正确的参数文件，将数据以 *.txt 形式保存在 rawdata 文件所建文件夹中，在"Analyst"中输入分析人姓名，在"Punch"中选择样品膜面积（"Other 1.45 Sq cm"）。

2. 分析样品之前，需做外标建立标准曲线（标线）。待加热炉温度降至安全范围（状态由"WAIT-Too hot(>75℃) for new sample"变为"Safe to put in a new sample"），卸下加热炉钳，用镊子夹出石英舟，将其轻轻放置于支架上。使用微量注射器吸取一定体积的蔗糖标液滴在已经过高温处理的空白石英膜中央，多次注射以保证进样针中的标液全部射出。使用镊子将石英舟放回加热炉，可通过激光值调整石英舟放置位置（激光值最小处），装好加热炉钳后，操作软件开始分析。标液浓度梯度可设置为 1 μL — 2 μL — 4 μL — 8 μL — 16 μL — 32 μL，可根据样品具体情况调整蔗糖溶液浓度及标样体积，每个体积测定一组平行值。

3. 标样的 TC 浓度与实际配制浓度差异应在 10% 以内或不超过 0.5 μg C/cm^2。若差异较大，则再进行一次标样分析，或者考虑重新配制标液或原液，也可以考虑改变仪器中的校准常数设置。

4. 做好标准曲线后，如果当日实验结束后没有关 FID，仅仅选择了"Stand by"状态，第二日进行实验前需要走单标，即选择标液浓度梯度中的某一浓度测一组平行值。如果平行性较好并且与标线中对应浓度响应值较为接近，则可以继续使用之前的标线，如果差距较大，则需要重新做标线。

5. 测量样品时，取出石英舟的操作与建立标准曲线时一致，然后用含无水乙醇的脱脂棉球擦拭打孔器与镊子，待打孔器干燥后从石英膜上铣下 1.45 cm^2 样品，用镊子将样品置于石英舟中央，采样面朝上。放回石英舟的操作与建立标准曲线时一致。在软件中确认参数文件、文件保存路径、文件名、分析人、膜面积等参数设置正确后，操作软件开始分析。

6. 每个样品之间均需要用含无水乙醇的脱脂棉球擦拭打孔器与镊子。每分析 10 个样品后测定 1 个适宜浓度的标准蔗糖溶液，以检查仪器的响应漂移状况，若响应漂移较大，则需重新确定外标曲线。

三、待机与关机

1. 若近期还需继续使用 OC/EC 分析仪，则在软件中点击"Stand by"，使仪器处于待机状态，注意每天检查记录气瓶中所剩气体体积，及时更换气瓶。

2. 若长时间不再使用仪器，则在软件中选择退出，关闭仪器电源，关闭气瓶总阀与分压阀，记录气瓶中所剩气体体积，在实验记录本上做好记录。

四、查看测量结果

打开 OC/EC 分析仪计算软件，选择保存的数据文件，操作软件自行计算每个样品的 OC、EC 及 TC 浓度，根据打孔器面积、采样膜面积及采样体积换算实际大气中 OC 与 EC 的浓度。

【质量控制与质量保证】

1. 分析样品前需通过分析实验空白膜，检测碳分析仪的仪器背景。

2. 外标：仪器每次使用前必须用蔗糖标准溶液进行多点外标标定。

3. 内标：仪器分析完每一个样品后，会自动注入相同体积的 5% 甲烷气体作为内标样品校正检测器每一次分析的波动误差。

4. 每分析 10 个样品测定 1 个适宜浓度的蔗糖标准溶液，以检查仪器的响应漂移状况。

5. 实验中直接或间接接触样品的材料均须使用含无水乙醇的脱脂棉球擦拭干净。

【思考题】

1. 如何判断激光运行正常?

2. 将石英舟放回加热炉时如何判断样品已放置于正确位置?

【常见问题】

1. 确保加热炉钳与密封圈连接紧密,可通过软件界面的气压来判断。

2. 测定过程中严禁在实验室内食用或饮用散发较大气味的食物或饮料。尽量不要涂抹化妆品。铣样品时不要在其附近说话或有较大气流通过。

3. 剩余的样品膜及时放回冰箱或置于装有冰袋的保温箱中,以减少样品损失。

4. 抽出和放回石英舟时应水平进出,以免石英膜落入加热炉,操作时应小心谨慎,不要跌落或撞击石英舟,以免污染石英舟甚至导致其破损。

5. 铣样品膜时尽量从边缘开始取样,若需要多次测定则每次铣膜位置应较为靠近以保留更大面积的样品。

6. 实验过程中小心高温与激光伤害,正确开关气瓶总阀与分压阀。

7. 实验过程中保持打孔器、镊子、微量注射器等器材的洁净。

【小知识】

一、热学法、光学法和热光法的基本原理

热学法是最早用于测量气溶胶中 OC 和 EC 的方法,主要是基于两者不同的热学特性进行区分，但是在升温过程中 OC 会部分裂解炭化，生成物质的热学和光学特性类似于 EC，造成测量结果出现偏差。

光学法主要是利用光衰减系数或散射系数来反演大气颗粒物中 EC 的浓度。相比于热学法，光学法可以实现对碳质组分的在线实时测量，但是由于其原理的限制，光学法只能用于测量 EC。

热光法是综合了热学法与光学法的测量方法，热学法中 OC 在升温分析过程中会发生裂解炭化，若不进行修正，会造成测量误差。由于裂解碳具有吸光特性，可以综合光学方法对裂解碳进行修正来提高对大气颗粒物碳质组分测量的准确性。

二、TOT 与 TOR 之争

光学修正理论是基于朗伯 - 比尔定律，即光束通过滤膜的衰减量与滤膜上 EC 的沉积量成正比。热光法通过记录升温前与升温过程中的透光率值，判断样品中裂解碳与 EC 的分割点。热光透射法使用透射光进行修正，热光反射法使用反射光进行修正（图 1-8）。分割点的选择是导致 OC、EC 测量误差的关键因素。

采样期间，颗粒物在滤膜上的渗入深度取决于颗粒物粒径、滤膜材料和气流流速，若滤膜的捕集效率是一个常数，则滤膜上颗粒物分布由表及里呈指数衰减。透射光受整层滤膜的影响，而反射光仅受表层滤膜影响。渗入至

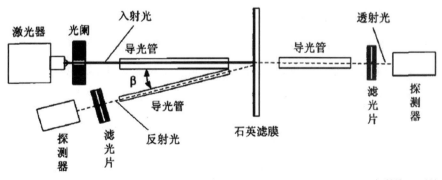

图 1-8　光学修正系统

滤膜深层的有机物在高温下裂解生成吸光性的碳质组分，而 EC 氧化分解的过程往往是由外向里的，因此反射光会比透射光提前恢复到初始光强值，从而造成反射法的分割点前移，使得反射法测得的 EC 值相比于透射法偏大，OC 偏小。若存在气体吸附，会渗入得比颗粒物更深，使颗粒物在滤膜上的有效渗入深度更大，分布在里层的颗粒物越多，表层的颗粒物越少，导致滤膜反光率增大。而透光率为激光透射强度与入射强度之比，几乎与颗粒物的有效渗入深度和后向散射系数无关。因此，热光透射法更适合用来表征滤膜上颗粒物的累积情况。

【参考文献】

［1］生态环境部 . 环境空气颗粒物来源解析监测技术方法指南 , 2020.

［2］胡敏 , 邓志强 , 王轶 , 等 . 膜采样离线分析与在线测定大气细粒子中元素碳和有机碳的比较 [J]. 环境科学 , 2008(12):3297-3303.

［3］申永 , 刘建国 , 陆钒 , 丁晴 , 石建国 . 大气有机碳和元素碳测量热光透射法和热光反射法对比研究 [J]. 大气与环境光学学报 , 2011,6(06):450-456.

［4］丁晴 , 刘建国 , 陆亦怀 , 陆钒 , 王亚平 , 石建国 , 申永 . 大气有机碳 / 元素碳测量中的光学校正方法 [J]. 中国激光 , 2012,39(02):178-183.

［5］Cavalli F, Viana M, Yttri K E, et al. Toward a standardised thermal-optical protocol for measuring atmospheric organic and elemental carbon: the EUSAAR protocol[J]. Atmospheric Measurement Techniques, 2010, 3(1):79-89.

［6］EMEP. EMEP manual for sampling and chemical analysis[EB/OL]. (2001) [2021-12-27].http://www.emep.int/

大气颗粒物中水溶性离子组分的
离线测量：样品前处理

　　大气颗粒物组成的离线分析中，前处理过程是决定离线分析精确度的重要环节；前处理方法的选择应当根据待测组分物理、化学性质来确定。硫酸盐、硝酸盐、铵盐等水溶性离子组分是大气颗粒物（$PM_{2.5}$ 或 PM_{10}）中的重要组成部分；由于这类组分的水溶性，研究者通常选择超声水提的方式对膜样品进行前处理。环境空气颗粒物（PM_{10} 和 $PM_{2.5}$）样品采集参照实验七。本实验旨在学习及掌握提取大气颗粒物（$PM_{2.5}$ 或 PM_{10}）膜样品中水溶性离子组分的方法，获得含有颗粒水溶性离子水溶液，为后续分析做好准备。

【实验目的】

1. 掌握大气颗粒物（$PM_{2.5}$ 或 PM_{10}）水溶性离子组分样品前处理的流程。
2. 掌握超声仪、移液枪的使用原理及使用方法。
3. 获得大气颗粒物 Teflon 膜样品中水溶性离子的水溶液。

【实验原理】

将采集了大气颗粒物（$PM_{2.5}$ 或 PM_{10}）离子组分的 Teflon 膜样品，浸润

到定量的超纯水中，在超声的强烈物理振荡作用下，样品中的水溶性物质将充分地溶解到水中，进一步使用离子色谱仪器对溶液进行分析，获得大气颗粒物（$PM_{2.5}$ 或 PM_{10}）水溶性离子组分的浓度。

【实验设备与材料】

一、实验仪器与设备

超声波清洗机。

二、实验材料与试剂

1.实验材料。采集到的环境空气颗粒物（PM_{10} 或 $PM_{2.5}$)Teflon 膜样品（参见实验七）(常见的是直径 47 mmTeflon 滤膜)，与样品数量相同的 100 mL 干净干燥小烧杯，200 mL 干净干燥大烧杯；移液枪，剪刀，镊子，离心管架，10 mL 离心管（数量至少是膜样品的 2 倍），冰袋，注射器（数量至少与膜样品数相同），0.45 μm 微孔滤膜过滤头（数量至少与膜样品数相同），铝箔，记号笔，标签纸。

2.超纯水（电阻率 25 ℃时，>18.2 MΩ·cm）。

3.材料准备。

铝箔：使用前在马弗炉 550 ℃下烘 6 h。

烧杯：将适量洗涤剂加到自来水中，用此洗涤水超声清洗烧杯 20 min。再用超纯水超声清洗三遍，每次 20 min。每次烧杯换水清洗前，均用少量超纯水润洗烧杯三遍。超声时，洗涤水或超纯水应尽量盛满烧杯，超声仪液面应到烧杯高度的 90%。洗涤后，在烘箱 150 ℃条件下烘干，烘箱内垫干净铝箔，烧杯口朝下，烘干后方可使用。将烘干好的烧杯用小铝箔封口。

镊子和剪刀：用去离子水超声后，再用乙醇处理过的脱脂棉球擦拭，干燥后用干净铝箔包好。

一、编号

将提取需要使用的烧杯、烧杯上的铝箔、离心管依次编号，按照采样膜及膜盒的编号顺序进行编写，保证一一对应。另外，离心管上应使用标签纸记录提取人和提取时间，按照顺序贴到离心管上，并放置于离心管架上，以备使用。

二、放膜

将 Teflon 膜倒扣在烧杯口，使膜采样面朝下。若烧杯口太小，膜不能扣入烧杯底，则将烧杯倾斜少许，用镊子夹住膜边缘，并用剪刀将膜边缘的压环剪掉一部分，不要剪到膜样品。用镊子轻轻接触膜边缘压环，使膜尽量接近烧杯底部。

三、加超纯水

用移液枪准确移取 10 mL 超纯水加入到有膜样品的小烧杯中。首先将移液枪量程调节成 10 mL，装上新枪头；移液前，需要将移液枪保持竖直，用大

拇指将按钮按下至第一停点，枪头插入超纯水液面下，然后慢慢松开按钮回原点，此过程可以吸取固定体积的液体；将移液枪保持竖直转移到装有膜的烧杯上方，接着按按钮至第一停点排除液体，稍等片刻继续按按钮至第二停点吹出剩余的液体，此过程可重复几次，最后松开按钮。此过程不可碰到烧杯内壁和膜。

在整个加水过程中要保证膜始终正面朝下，同时要保证膜正面完全与水面接触并漂浮在水面上，接触面没有气泡。若接触面存在气泡，可以轻轻振荡使气泡逸出。如若效果不佳，则可以用一次性注射器针头轻轻地沿膜边缘将膜刺破，然后轻轻振荡使气泡跑出。加水完毕后及时将烧杯用铝箔盖紧。将盖好的烧杯有序放置在超声仪的网架中。

四、超声提取

将加入超纯水的小烧杯，使用小铝箔盖好后，放入超声仪中提取。超声仪中的水不能太高也不能太低，原则上要比烧杯中的液面高，太高则有可能使水在超声过程中进入烧杯，污染样品。水面控制在烧杯 30 mL 刻度线处为宜。

室温超声提取 30 min。为防止超声过程中温度升高太多，从而使提取出的样品溶液体积减少，并造成易挥发性组分损失。因此需要保证超声仪内水温低于 30℃。可以采用超声中途换水的方式，使用的水为冰水；也可以将冰块直接放在超声仪中来达到降温的目的。换水时，打开阀门排水，加水时沿着超声仪内壁边缘缓慢将水倒入以防外溅。

五、移液

超声完毕，将烧杯取出，打开铝箔，用一次性注射器吸取提取液。首先注射器内吸入超纯水，加上过滤头后润洗注射器及过滤头，此过程重复 2~3

次。然后用少量（2~3 mL）提取液润洗注射器及过滤头。将小烧杯里的溶液完全吸入注射器内，然后在注射器头前加上润洗后的 0.45 μm 水系微孔过滤头，将提取液过滤，并按照顺序移至离心管中。注意每个离心管的编号要与烧杯里的膜号对应。

注入完毕，盖好离心管，将其放在试管架上。每过滤一个样品的提取液，就需要更换注射器和过滤头，以避免交叉污染。如果提取液中颗粒物过多，导致过滤头堵塞，可更换过滤头。注射器吸取提取液间隙，过滤头应放到干净铝箔上或者离心管管口，保证其不被污染。用过的注射器和过滤头应丢在实验室固定的垃圾桶，不能乱扔。

六、封口保存

所有的溶液按照第五步完成后，要用封口胶将离心管密封，以防被污染。右手拿住离心管，左手大拇指按住封口胶一头在离心管管口处，右手缓慢旋转离心管，左手均匀用力拉动封口胶，至少缠绕两圈以保证完全密封。封口完毕后，将密封后的离心管放入冰箱冷藏保存（1~4 ℃）。样品不宜长期保存，提取后的样品应尽快分析。

七、清理与打扫

实验完成后，要对所使用物品与仪器进行清理。

提取完成后的膜建议先放在原膜盒中保存，以备在后续的分析过程中出现问题时进行核查。

对使用后的烧杯按照材料准备中详述的过程进行清洗，烘干后使用铝箔密封保存，以供继续使用。

将实验台上的所有物品与仪器归置原位。镊子、剪刀用铝箔包好。剩余的过滤头放入袋中密封保存。

最后将实验台清除干净，恢复原样。

【质量控制与质量保证】

1. 提取过程做一个全过程空白膜样品及空白水样品，全程序空白测量结果应低于方法测定下限。

2. 水的质量是提取水溶性离子组分的关键，应该使用超纯水提取。

3. 提取用的烧杯、镊子、剪刀等均应在实验前按照要求进行清洗。

【思考题】

一、实验前

1. 超声提取的原理是什么？

2. 为什么要控制超声提取时水槽中水的温度？哪些物质容易受到影响？

3. 全程保证干净的环境非常重要，哪些操作容易失误导致样品的污染？

二、实验后

1. 超声提取可以提取到哪些在大气颗粒物污染中起重要作用的离子？

2. 回顾实验操作过程，是否有失误的操作，分析可能的原因以及影响。

【常见问题】

1. 膜掉在实验台上，导致膜样品污染。

2. 提取过程中所有使用到的工具均为前处理清洗过的，操作不当会使工具污染导致样品污染。

3. 倒扣到小烧杯中的膜，加入超纯水后，水与膜接触的区域有气泡，导致超声过程中未能提取到所有样品。

4. 超声过程中，水温过高，导致小烧杯壁上产生大量的水滴，或挥发性组分挥发严重。

5. 超声过程中或超声结束后转移烧杯时，超声仪中水位过高，导致水进入烧杯中，污染提取液。

6. 使用过滤头倒吸提取液，导致提取液污染或者过滤头的污染及浪费。

7. 未将提取样品及时封口放入冰箱保存。

【小知识】

基于膜采样离线分析大气颗粒物化学组分时，需要利用不同的预处理方法将颗粒物中的待测组分转化为仪器可以分析的形态。常用的提取方法有：索氏提取器提取法，超声波提取法，超临界流体提取法，微波辅助提取法等。

1. 索氏提取器提取法

索氏提取器利用溶剂回流及虹吸原理，使固体物质连续不断地被纯溶剂萃取，这种方法相对来说经济、操作简便，但是耗时长。

2. 超声波提取法

超声波在液体中产生大量看不到的微泡，微泡迅速膨胀、破裂，促使萃

取剂与样品密切接触，并渗入内部，从而提取待分析组分。这种方法耗时较短，提取效率较高，对于物理性质稳定的化学组成才使用，否则，活性物质容易被破坏。

3. 超临界流体提取法

该方法是以超临界流体为萃取剂，从组分复杂的样品中把需要的物质提取出来。该方法可高效快速地完成提取，但是不适用于极性大的组分，难以分离离子化合物。

4. 微波辅助提取法

该方法是利用微波快速和有选择地提取样品中欲分离组分的方法。该方法具有高效、快速、可同时处理多个样品等优点。

［参考文献］

［1］环境保护部. 中华人民共和国国家环境保护标准 - 环境空气 颗粒物中水溶性阴离子（F^-、Cl^-、Br^-、NO_2^-、NO_3^-、PO_4^{3-}、SO_3^{2-}、SO_4^{2-}）的测定 离子色谱法: HJ 799—2016[S].

［2］环境保护部. 中华人民共和国国家环境保护标准 - 环境空气 颗粒物中水溶性阳离子（Li^+、Na^+、NH_4^+、K^+、Ca^{2+}、Mg^{2+}）的测定 离子色谱法: HJ 800—2016[S].

［3］奚旦立. 环境监测实验 [M]. 北京: 高等教育出版社, 2011.

［4］EMEP.EMEP manual for sampling and chemical analysis[EB/OL].(2001)[2021-12-27]. http://www.emep.int/

| 实验十 | 大气颗粒物中水溶性离子组分的离线测量：仪器分析和数据处理 |

离子色谱是分析阴阳离子的高效手段，可用于分析大气颗粒物中水溶性离子组分，包括阳离子组分（Na^+，NH_4^+，K^+，Mg^{2+}，Ca^{2+}），阴离子组分（NO_3^-，SO_4^{2-}，Cl^-）。本实验旨在理解离子色谱仪器原理并保证仪器稳定运行获取有效的水溶液样品信号值；另外，需要使用准确的标定方法将信号值转化成实际浓度。本实验将使用离子色谱仪分析大气颗粒物中水溶性离子组分，对实验九获取的溶液中的水溶性离子进行分析并对重要的阴阳离子进行定量。

【实验目的】

1.理解离子色谱仪，分析阴离子、阳离子的原理，掌握离子色谱仪的基本操作。

2.掌握离子色谱标准使用液的配制。

3.获得提取液中主要阴离子、阳离子的质量浓度。

4.根据溶液离子浓度及采样流量，计算环境空气颗粒物中水溶性离子组分的质量浓度。

1. 离子色谱仪器使用原理。离子色谱是以分析离子为主的一种液相色谱方法。早期的离子色谱主要用于阴离子分析，现在已扩展至阴阳离子及高极化分子分析。离子色谱由于具有快速、灵敏度高、选择性好、稳定性好等优点，被普遍应用。

如图 1-9 所示，离子色谱系统主要由泵、气路、进样阀、色谱柱（保护柱、分析柱）、抑制器、检测器（电导池）、色谱工作站等组成。溶液中的离子在色谱柱中，通过离子交换的方式进行分离。分离后，进入抑制器，抑制器安装在电导池之前，用于提高待测离子的电导率，从而提高灵敏度，减少噪声。电导池是用来检测具有电导性化合物的通用型检测器，通过获得溶液流过电导池电极时的电导率表征离子的浓度，是离子色谱最常用的检测器。因此可以根据保留时间对溶液离子进行定性以及峰高或者峰面积定量。

对含有已知离子浓度的溶液进行分析，可以建立特定离子的浓度与信号

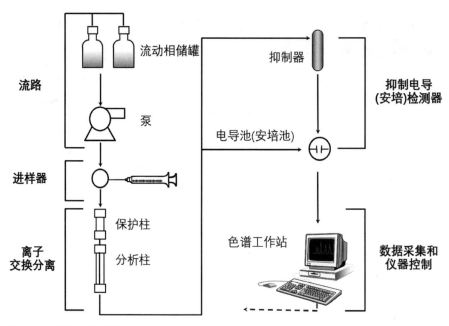

图 1-9 离子色谱系统示意

值的标准曲线。基于标准曲线对未知大气颗粒物样品中的离子进行定性和定量分析，离子色谱对大气颗粒物中主要阴阳离子组分的检测限如表 1-9 所示。

表 1-9　离子色谱对大气颗粒物中主要阴阳离子组分的检测限

阴离子组分	NO_3^-	SO_4^{2-}	Cl^-	
检测限 /（$mg \cdot L^{-1}$）	0.01	0.01	0.03	

阳离子组分	Na^+	NH_4^+	K^+	Mg^{2+}	Ca^{2+}
检测限 /（$mg \cdot L^{-1}$）	0.03	0.06	0.10	0.10	0.05

2. 对离子标准储备液进行稀释，获得一系列具有浓度梯度的混合标准液。使用配制的混合标准液制作溶液离子浓度 - 仪器信号值响应值标准工作曲线，对样品提取液进行定量。

3. 使用溶液离子浓度 - 仪器信号值响应值标准工作曲线，计算出提取液中的离子浓度，并根据提取时加入的超纯水体积和膜采样体积，计算大气中水溶性离子的质量浓度。

【实验设备与材料】

一、实验仪器与设备

1. 离子色谱仪器：Thermo -ICS 900（分析阴离子），Thermo -ICS 2000（分析阴离子），Thermo-INTEGRION(分析阳离子),Thermo-ICS 1500(分析阳离子）

2. 万分之一天平

二、实验材料与试剂

1. 一般实验室常用仪器及设备:1000 mL 容量瓶一个,100 mL 容量瓶 8 个,干净干燥 100 mL 烧杯,10 mL 移液枪,镊子,洗瓶,离子色谱仪器进样瓶。

2. 标准储备液:

阳离子:

钠离子标准储备液:$\rho(Na^+)$=1000 ppm

铵离子标准储备液:$\rho(NH_4^+: 以 N 计)$=100 ppm

钾离子标准储备液:$\rho(K^+)$=1000 ppm

镁离子标准储备液:$\rho(Mg^{2+})$=1000 ppm

钙离子标准储备液:$\rho(Ca^{2+})$=1000 ppm

阴离子:

硝酸盐离子标准储备液:$\rho(NO_3^-)$=1000 ppm

硫酸盐离子标准储备液:$\rho(SO_4^{2-})$=1000 ppm

氯离子标准储备液:$\rho(Cl^-)$=1000 ppm

3. 一次性滴管,储液瓶,封口胶。

4. 新制备的超纯水（电阻率 25 ℃时,>18.2 MΩ·cm）。

【实验步骤】

一、阴离子标准梯度使用液的配制

1. 配制母液——体积为 1000mL

分别移取 80.0 mL 的 SO_4^{2-} 标准储备液,40.0 mL 的 Cl^- 标准储备液,80.0 mL 的 NO_3^- 标准储备液,于 1000 mL 容量瓶中,用超纯水稀释定容至标线,混匀。即可得到混合有 SO_4^{2-}（80 ppm）、Cl^-（40 ppm）、NO_3^-（80 ppm）的母液。

2. 稀释

稀释方法：用移液枪或者移液管取固定体积母液或者高浓度使用液于 100 mL 容量瓶中，定容到 100 mL。目标混合使用液的浓度及需要移取的母液或高浓度使用液的体积如表 1-10 所示。

表 1-10　阴离子标准使用液各梯度浓度及配制方法

Cl⁻ 计，浓度 /ppm	40	20	10	5	2	1	0.5
1000mL 容量瓶中所需母液或使用液体积	100 mL 母液	50 mL 母液	25 mL 母液	12.5 mL 母液	5 mL 母液	10 mL 10ppm	5 mL 10ppm
定容体积 /mL	100						

稀释后，标准使用液的梯度浓度如表 1-11 所示。容量瓶上用记号笔准确记录梯度浓度，配制日期和配制人。

表 1-11　阴离子标准使用液各梯度离子浓度

编号（以 Cl⁻ 浓度计）	SO_4^{2-} / ppm	Cl^- / ppm	NO_3^- / ppm
40	80.00	40.00	80.00
20	40.00	20.00	40.00
10	20.00	10.00	20.00
5	10.00	5.00	10.00
2	4.00	2.00	4.00
1	2.00	1.00	2.00
0.5	1.00	0.50	1.00

3. 密封保存

将配好的标准使用液，使用封口胶封口，并放入冰箱冷藏保存。

二、阳离子标准梯度使用液的配制

1. 配制母液

将塑料储液瓶开盖放到万分之一天平上，归零。

用一次性滴管依次准确滴入标准储备液 Na^+，K^+，Mg^{2+}，Ca^{2+}，NH_4^+，质量分别为 0.1000 g，0.4000 g，0.1000 g，0.1000 g，18.6667 g；最后滴入超纯水定量到 60.0000 g。并记录天平的累计质量示数。母液共平行配制两瓶，分别为母液 a，母液 b。母液中，各个离子的目标浓度分别为：Na^+ 为 1.67 ppm，K^+ 为 6.67 ppm，Mg^{2+} 为 1.67 ppm，Ca^{2+} 1.67 ppm，NH_4^+ 为 40.0 ppm。

通过实际读数以及给出的标准溶液浓度，来计算母液中的实际离子浓度。阳离子母液配制中，NH_4^+ 标准储备液浓度以 N 计为 100 ppm，在母液中的浓度以 NH_4^+ 计，因此称量的质量为 18.6667 g，此时目标母液浓度为 40.0 ppm（以 NH_4^+ 离子质量浓度计）。阳离子母液配制浓度及过程如表 1-12 所示。

表 1-12 阳离子母液配制过程记录表格

标准储备液	标准储备液浓度 /ppm	应加质量 /g	天平应得示数 /g	实际读数（a）	实际浓度 /a	实际读数（b）	实际浓度 /b
Na^+	1000	0.1000	0.1000				
K^+	1000	0.4000	0.5000				
Mg^{2+}	1000	0.1000	0.6000				
Ca^{2+}	1000	0.1000	0.7000				
NH_4^+	100（以 N 计）	18.6667	19.3667				
H_2O	—	40.6333	60.0000				

2. 稀释

用滴管取固定质量的母液或高浓度的标准溶液使用液，加入到在天平上归零后的储液瓶中，并用超纯水定量到 60.0000 g（偏差最好少于 0.1000 g），以配制不同浓度梯度的标准使用液。配制过程中，由高浓度梯度向低浓度梯度依次配制。记录称量的质量以及最后定量的质量，用记号笔标记目标浓度，配制日期以及配制人。

稀释过程中，标准使用液的目标浓度梯度、稀释过程中所需的母液或高浓度标准使用液的质量如表 1-13 所示，根据计算的母液浓度以及稀释过程中实际称量质量，计算出各个梯度中，混合标准使用液的各离子浓度。

表 1-13　阳离子标准使用液各梯度离子浓度（以 NH_4^+ 计）记录表格

编号 （以 NH_4^+ 计）	所需 母液或标准 使用液质量	实际转移 母液或标准 使用液质量	实际总质量	实际浓度 （以 NH_4^+ 计）
0.5	3 g (10.0)			
1.0	6 g (10.0)			
2.0	6 g (20.0)			
5.0	7.5 g（母液 a）			
10.0	15 g（母液 a）			
20.0	30 g（母液 a）			
40.0	60 g（母液 b）			

3. 密封保存

将配好的标准使用液，使用封口胶封口后，放入冰箱冷藏保存。

三、进样及仪器分析

1. 根据样品的编号，对进样瓶编号，阴离子阳离子各编辑一套。编号后，

首先在第一个进样瓶中加入超纯水，并在盛有超纯水的进样瓶后，依次放置盛有从低到高浓度标准样品的进样瓶，最后将离心管中的样品对应倒入进样瓶中 1~2 mL 即可，用镊子将垫片放到进样瓶上，并盖好瓶盖。在仪器分析软件上建立样品分析的序列，并根据建立的样品序列与进样盘位置的对应顺序，将进样瓶依次放到自动进样盘上。

2. 分析（分析程序依仪器型号变化，具体可参考仪器操作手册）

（1）更换淋洗液

阴离子分析系统，在淋洗液瓶中加入超纯水至 2000 mL；阳离子分析系统，先清洗淋洗液瓶，加入超纯水至 1000 mL，后使用移液枪加入 2.7 mL 甲磺酸标准液（99%，纯），继续加超纯水至 2000 mL，配制固定浓度的甲磺酸淋洗液。在更换淋洗液之前应保证氮气总阀与离子色谱泵处在关闭状态。

（2）开机

打开氮气总阀，将分压表调至 0.2 MPa，淋洗液瓶需要拧紧，防止漏气，经常检查氮气瓶压力。接通仪器主机电源，确认 Server Monitor 是运行状态，打开仪器控制软件，选择 File—ICS2500 and ICS 2000 control panel ASAP 控制面板，确认各模块 Connected 图标为绿色，代表软件硬件连接成功。

（3）走基线

阴离子 ICS2000：依次点击菜单栏中红色 Stop flow 和绿色 Continue，等待柱压上升稳定（2000 psi 左右），点开并设置 Pump Settings：Eluent Bottle=4；设置流速 1.2 mL/min，设置淋洗液浓度。点击蓝色 Acquisition on/off，在 Pump-ECD-ECD-1 hydroxide=__mmol 一栏，填入梯度淋洗最高浓度，输入抑制器电流值，监视基线。

阳离子 ICS2500：依次点击菜单栏中红色 Stop flow 和绿色 Continue，等待柱压上升稳定（1000 psi 左右），点击蓝色 Acquisition on/off，在 ECD-ECD-1 current 改为 100 mA，监视基线。

（4）分析样品

创建运行程序：File—New, Program File，存入独立的 Program 子目录中。

创建方法文件：存入独立的方法文件夹。

建立样品表：File—New，Sequence，设置样品类型、位置、程序文件和方法文件。

运行样品：在 20 min 内，基线变化信号值 <0.01，点击 Acquisition on/off，停止采集基线，打开需要运行的样品表，点击 Start 开始分析样品。

四、数据处理

1. 获取标准使用液浓度 – 信号值标准工作曲线

对离子色谱仪器获得的色谱图进行积分，获取每个样品中每种离子的峰面积，对 8 种离子以各离子的峰面积为横坐标，实际质量浓度为纵坐标，绘制 8 条标准曲线。其中 NH_4^+ 峰面积与实际浓度为二次关系。每条标准曲线的 R^2 应 >0.99。

2. 计算提取液中的离子浓度

根据实际样品的离子峰面积和对应的标准工作曲线，获得每种水溶性离子在提取液中的离子浓度（ppm）。

3. 计算大气中的离子浓度

膜样品中的水溶性离子在实际大气中的质量浓度（μg/m³）的计算公式为

$$\rho = \frac{(\rho_1 - \rho_0) \times V}{V_{nd}} \qquad （公式 1-15）$$

其中，ρ 为膜样品中的水溶性离子在实际大气中的质量浓度（μg/m³）；ρ_1 为提取液中离子的质量浓度（ppm, mg/L）；ρ_0 为空白试样中的离子质量浓度（ppm, mg/L）；V 为提取液体积，本实验为 10 mL；V_{nd} 为标准状态下（101.325 kPa，273 K）采样总体积（m³）。

【质量控制与质量保证】

1. 对离子色谱仪器进行定期维护，保证仪器的正常运行。

2. 测定现场空白膜提取液、膜空白提取液和溶剂空白的阴阳离子组分，检验采样到分析过程中的质量控制。

3. 标准曲线的相关系数保证不小于 0.99，每测 20 个样品，应重新分析一个标准曲线中间点浓度的标准溶液，其测定结果与标准曲线该点浓度之间的相对误差应 ≤ 10%，否则应该重新绘制标准曲线。

【思考题】

一、实验前

1. 标准使用液配制的梯度和浓度，依据是什么？

2. 阳离子母液中，所需要的 NH_4^+ 质量浓度是 40 ppm，那么需要称量的标准储备液的质量为 18.6667g，该数值如何计算获得？写出计算过程。

二、实验后

1. 如何计算阴阳离子组分在大气颗粒物中的浓度？

2. 离子组分的总质量在大气颗粒物 $PM_{2.5}$ 质量浓度中的占比是多少？

3. 阴阳离子电荷是否平衡？若不平衡，不平衡的原因是什么？

【常见问题】

1. 标液配制过程中，没有及时记录实际称量示数，导致无法计算实际浓度。

2. 同一个滴管吸取不同浓度的标准液，导致标准液污染。

3. 进样过程中，不用镊子加入进样瓶的垫片，污染待测样品。

4. NH_4^+ 的标准曲线按照线性拟合，获得的拟合结果的相关性差。

【小知识】

大气细颗粒物主要组分为有机物、无机盐（硫酸盐，铵盐，硝酸盐等）、元素碳等。其中，本实验测定的水溶性二次无机离子生成途径复杂。二次组分中的硫酸盐具有多种生成途径。其中，SO_2 在云滴、雾滴或者颗粒物液态水中，经过 H_2O_2、O_3 等氧化剂氧化，过渡金属离子催化等生成 SO_4^{2-} 是硫酸盐的重要生成途径。海洋排放的 CH_3SCH_3 被 OH 自由基氧化成 SO_2 或者 SO_3，成为海洋大气中硫酸盐的重要来源。硝酸盐在昼夜生成途径不同：在白天，NO_2 主要通过被 OH 自由基氧化生成 HNO_3，与 NH_3 结合进入颗粒物相；在夜间，N_2O_5 被摄取到雾滴、云滴或者液态水中并反应生成硝酸盐。

【参考文献】

[1] 环境保护部. 环境空气 颗粒物中水溶性阴离子（F^-、Cl^-、Br^-、NO_2^-、NO_3^-、PO_4^{3-}、SO_3^{2-}、SO_4^{2-}）的测定离子色谱法：HJ 799—2016[S].

［2］环境保护部.环境空气 颗粒物中水溶性阳离子（Li^+、Na^+、NH_4^+、K^+、Ca^{2+}、Mg^{2+}）的测定 离子色谱法：HJ 800—2016[S].

［3］Zheng J, Hu M, Peng J, et al. Spatial distributions and chemical properties of $PM_{2.5}$ based on 21 field campaigns at 17 sites in China[J]. Chemosphere, 2016, 159:480-487.

［4］Seinfeld J H, Pandis S N. Atmospheric chemistry and physics: from air pollution to climate change[M]. Hoboken:John Wiley & Sons,Inc. 2016.

［5］EMEP.EMEP manual for sampling and chemical analysis[EB/OL].(2001) [2021-12-27]. http://www.emep.int/

实验十一　环境空气中颗粒有机物的离线测定

　　大气颗粒有机物（Particulate Organic Matter, POM）是 $PM_{2.5}$ 中的重要组分，其来源复杂，既包括机动车、燃煤、生物质燃烧、工业生产和餐饮源等一次排放的有机物，也包括由挥发性有机物（VOCs）在大气中发生化学转化生成的二次有机气溶胶（SOA）。POM 化学组成复杂，物理和化学性质差异较大，单个物种的浓度水平较低，这使得其定性识别和定量测定较为困难。气相色谱 - 质谱联用（GC-MS）兼有气相色谱强大的分离能力和质谱的定性能力，在定量测定有机物方面具有独特的优势。基于 GC-MS 的大气颗粒有机物分析，是目前研究 POM 最主要的技术手段之一。

　　本方法可以定性识别和定量测定多环芳烃、正构烷烃、霍烷、酸类等多种非极性和极性物质。POM 化学物种在大气中的浓度数据，可用于 POM 来源解析和环境健康风险评价。

【实验目的】

1. 了解环境空气中颗粒有机物的采集、前处理和离线分析的整个流程。
2. 掌握大气颗粒有机物（POM）定性识别和定量测定方法。
3. 了解并掌握气相色谱 - 质谱联用仪（GC-MS）的操作方法和定量流程。

一、样品提取原理

样品采集后，通常先用溶剂将有机物提取出来，然后预浓缩，使其可被色谱分析。常用的提取方法有索氏提取、超声提取、微波萃取和固相微萃取。超声提取利用超声空化作用，使得固体样品在溶剂中分散，提取速度较快。但由于超声振荡过程会使溶液升温，导致溶剂挥发和某些有机成分的分解，需要在超声水浴中加入适量冰块来控制温度，保证提取过程中水浴温度不高于30℃。

二、仪器分析原理

GC-MS 由气相色谱仪、质谱仪、接口、真空系统、控制装置和数据处理系统等部分组成，质谱仪部分又可分为离子源和质量分析器两部分。气相色谱（GC）的基本原理为不同物质在固定相和流动相间分配系数的差别，利用物质间沸点、极性或者吸附性质的差异实现不同组分的分离，常利用色谱保留时间定性。质谱仪（MS）按照带电粒子在电磁场中的运动规律，实现不同质荷比离子的分离。GC 和 MS 联用后，有机物分子在 GC 中气化并分离，随载气进入 MS，在离子源（Ion source）中转化为带电粒子，而后按质荷比（m/z）被质量分析器分离。

三、定量原理

GC-MS 常用的定量方法有归一化法、外标法、内标法、标准加入法等，其中内标法被广泛采用。内标法即向样品中加入一定量的内标物，混匀后与样品一同测量，内标物一般选择与待测物性质很接近，但在样品中不存在的物质（大气颗粒有机物样品常用待测物种对应的氘代物）。内标法的计算方法为

$$f_i = \frac{m_i}{A_i} \qquad \text{（公式 1-16）}$$

$$f_s = \frac{m_s}{A_s} \qquad \text{（公式 1-17）}$$

从而得出

$$\frac{f_i}{f_s} = \frac{m_i}{m_s} \cdot \frac{A_s}{A_i} \qquad \text{（公式 1-18）}$$

式中，m_i 为待测组分含量；m_s 为内标化合物含量；A_i 为待测化合物标样峰面积（或峰高）；A_s 为内标化合物峰面积（或峰高）；f_i 为待测组分的校正因子；f_s 为内标物的校正因子。

当 m_s 一定时，$\dfrac{f_i}{f_s} m_s$ 为定值，故而待测组分 m_i 与 $\dfrac{A_i}{A_s}$ 成正比。

四、衍生化原理

POM 中除非极性或弱极性化合物外，还存在难以被色谱分析的极性化合物，如含有羧基、羟基、氨基或者酰胺键的化合物。这些极性化合物挥发性低，易于形成氢键，不易被气化，容易出现不出峰或出拖尾峰等现象，因而常用化学衍生法改善其热稳定性。

衍生化试剂可以分为三大类：第一类是三甲基硅烷化试剂（TMS），其衍生物热稳定性较好，吸附性小，适用于羟基化合物的衍生化制备；第二类是甲酯化试剂，适用于羧基化合物的衍生化制备；第三类是卤素试剂，适用于含氨基、羟基化合物的衍生化制备。对于 POM 测定而言，常用硅烷化衍生法，如使用硅烷化衍生剂 BSTFA/TMCS〔N,O- 双（三甲基硅烷基）三氟乙酰胺 / 三甲基氯硅烷〕。

【实验设备与材料】

一、实验仪器与设备

超声仪；

真空旋转蒸发仪；

氮吹仪（配高纯氮气）；

气相色谱-质谱联用仪（即GC-MS，毛细管色谱柱选用非极性柱，例：DB5，50m×0.25mm×0.25μm 或 30m×0.25mm×0.25μm）；

烘箱或衍生专用加热仪；

铁架台。

二、实验材料与试剂

（一）实验材料

玻璃器皿：提取瓶（125 mL）、茄形瓶（250 mL）、K-D浓缩管、GC进样瓶、衍生化反应瓶、滴管、烧杯；

其他材料：过滤头、镊子、铣子、石英过滤膜、Teflon进样瓶垫及衍生瓶垫、微量注射器（1 μL、10 μL、100 μL）、冰块、生料带、密封胶。

（二）实验试剂

二氯甲烷浸润的脱脂棉、去离子水、洗涤剂；

HPLC纯度的二氯甲烷、甲醇、丙酮、正己烷、乙腈。配制二氯甲烷和甲醇体积比为3:1的混合溶剂，用作提取液；

衍生化试剂BSTFA（硅烷化试剂）；

标准样品，分为定量标准物和内标物。

【实验步骤】

　　大气中 POM 的测定有样品采集、样品制备、GC-MS 分析和数据处理 4 个流程。

一、样品采集

　　采样可参考本书大气部分"实验七　环境空气颗粒物（PM$_{10}$ 和 PM$_{2.5}$）样品采集"，按规定的流程用石英膜采集大气颗粒物样品。

　　采集样品的采样膜和空白膜，均使用同样的石英膜。预先灼烧石英膜和包石英膜的铝箔，方法是在马弗炉中，550℃下灼烧 6 h，以去除采样膜和铝箔上可能的有机物（注：已经灼烧过的石英膜保存期一般不超过 1 个月，过期后应重新灼烧后再使用）。

二、样品制备

（一）器皿设备的准备

　　1. 玻璃器皿的清洗和准备

　　为保证实验中不带入人为污染，需对玻璃器皿进行预处理：在玻璃器皿中加入适量洗涤剂和热水，浸泡 30 min，将玻璃器皿用水冲洗后并用自来水超声清洗 3 次，再用去离子水超声清洗 3 次，每次 20 min；

　　将玻璃器皿倒置，自然晾干；

　　用事先裁好的铝箔将玻璃器皿封口，并留有放气口，以便灼烧时水汽放出；较大的容器单独包装，小件可装入大容器中一起灼烧；

　　将包好铝箔的玻璃容器放入马弗炉中，550℃下灼烧 6 h，以去除容器上残留的有机物；

待马弗炉降至室温，将灼烧好的容器拿出、铝箔的放气口封紧，保存、待用（注：为保证容器质量，一般保存期不得超过 1 个月，过期后应重新灼烧后使用）。

2. 金属器皿的清洗和准备

为保证实验中不带入人为污染，需对金属器皿进行预处理，注意金属器皿不能灼烧：

在金属器皿中加入适量洗涤剂和热水，浸泡 30 min，用自来水冲洗并超声清洗 3 次，再用去离子水超声清洗 3 次，每次 20 min；

依次用丙酮、正己烷、提取液（二氯甲烷：甲醇＝ 3∶1 体积比混合溶剂）各超声清洗 20 min；

用灼烧好的铝箔将洗净的金属器皿包好，备用。

3. 其他准备

灼烧铝箔，用于实验中覆盖玻璃器皿或包裹金属器皿等，灼烧温度及时间同玻璃仪器的灼烧；

将进样瓶和衍生瓶的瓶垫在丙酮中超声处理 5 min，晾干后备用；

保证 GC-MS 工作正常，氦气充足；保证氮吹仪氮气充足；

准备冰块或者冰袋，超声提取时降温用；

根据测定的有机碳（OC）结果，计算提取约 200 μg OC 所需的膜面积。

（二）提取

1. 配制提取液：二氯甲烷：甲醇＝ 3∶1（体积比）；

2. 用二氯甲烷超声处理过的脱脂棉擦铳子和镊子，用铳子按照计算面积铳取适量的膜；

3. 将样品膜用镊子小心地放入提取瓶中，加入一定量（每 1000 μg OC 加 20 μL）的内标；

4. 加入 50 mL 提取液，用灼烧好的铝箔封口并将瓶盖拧紧；

5. 将提取瓶放入超声仪中，并同时放入冰块，开启超声仪，超声处理 20 min；

6. 将提取液用滴管经石英膜过滤转移至茄形瓶中，使用过滤头前首先用提取液清洗过滤头三遍，用小烧杯接废液，注意过滤头下端不得与茄形瓶瓶口触碰；

7. 重复 4~6 步骤 3 次；

8. 再用提取液将瓶清洗 3 次，以充分洗净瓶中残留的样品，将清洗液也通过过滤头转移至茄形瓶中；

9. 用提取液润洗过滤头 3 遍，液体进入茄形瓶。

（三）旋转蒸发

1. 将真空旋转蒸发仪水浴温度调至 36±1℃，安装好装有样品的茄形瓶，开启冷凝水，开启真空泵，将初始真空度调至 0.02 MPa 左右；

2. 逐渐增加真空度，以使高沸点溶剂组分蒸出；

3. 待茄形瓶中剩余液体 1~2 mL 时，开启放空阀，最后关闭真空泵；

4. 将茄形瓶中样品用干净滴管转移至 K-D 浓缩管中；

5. 用提取液冲洗茄形瓶 3 次，以充分洗净瓶中残留的样品，转移清洗液至 K-D 浓缩管中。

（四）浓缩

1. 为避免污染，事先用提取液清洗氮吹仪出气针；

2. 将 K-D 浓缩管固定，调整好出气量，使氮气均匀轻柔地吹到液面上，水浴温度 35℃，氮吹至干。

（五）分样

1. 为使最终定容的样品浓度约为 1 μg/μL，同时考虑到二氯甲烷的挥发，按照 OC 实际提取量（μg）+70/80 的量（μL）用微量注射器加二氯甲烷到 K-D 浓缩管中，注意用二氯甲烷冲洗 K-D 浓缩管肚子部位的瓶壁。加好后，稍稍倾斜，润洗 K-D 浓缩管下端管壁。

2. 用微量注射器将 100 μL 提取液转移至衍生瓶衍生处理用，剩余转移至 GC 进样瓶直接进样。用正己烷、丙酮和提取液清洗微量注射器 30 次。如长期未使用微量注射器，需要用正己烷、丙酮、提取液各清洗 100 次。

（六）衍生

1. 将衍生瓶中的样品在氮吹仪下吹至近干，以避免提取液中的甲醇与衍生试剂反应，产生影响；

2. 加入 200 μL BSTFA 和 100 μL 乙腈，振荡，混匀，放入烘箱或衍生专用仪中，85℃恒温衍生化 2 h；

3. 取出衍生瓶降温至室温，氮吹至少于 100 μL，用微量注射器将衍生瓶中液体转移到 GC 进样瓶中，记下液体体积为 V（μL）。用微量注射器吸取约 100 μL $- V$（μL）二氯甲烷至衍生瓶中（由于二氯甲烷易挥发，移取体积可稍大一些），用微量注射器润洗 3 遍，润洗液也转移到 GC 进样瓶中，用提取液清洗微量注射器 30 次。

三、GC–MS 分析

1. 设定 GC-MS 方法（以 DB-5，50 m × 0.25 mm × 0.25 μm 色谱柱为例）：以尽可能分开苯并 [b] 荧蒽（BbF）和苯并 [k] 荧蒽（BkF）为原则，最后的停留时间以晕苯 (COR) 出峰为准。参数建议：初始温度 65 ℃保留 5 min，以速率 10 ℃ /min 升温至 300 ℃，300 ℃维持 30 min，总计时间为 58.5 min。衍生化样品进样时可增加时间至 60 min；氦气流速为 1.0 mL/min；选择不分流进样。质谱仪扫描范围为 50~550 amu，采用 EI 电离模式 70 eV，采用 TIC（总离子流）模式或 SIM（选择离子）模式。

2. 调谐：采用自动调谐，检查仪器状态，如仪器响应、是否漏气等。

3. 空白：在分析样品前要进行仪器空白和溶剂空白的测定，确保仪器状态正常且无污染。每次开机需要做仪器空白和溶剂空白，每 7 个样品插入一个实验室空白。

4. 内标工作曲线法：配制 5~8 个浓度梯度的样品，加入一定量的内标，部分转入 GC 样品瓶中直接进样用；部分进行衍生化处理，步骤同"衍生"部分。

5. 进样：将装有标样、衍生处理后标样、直接进样样品和衍生处理后样品的进样瓶按顺序和编号放置在 GC 自动进样器的进样盘上，待测。样品进样完毕后，立刻把标样和样品瓶瓶盖盖好，用生料带和密封胶密封，冷藏保存备用。

6. 做好记录，记录分样液体体积、样品瓶编号及对应自动进样盘的位置。

四、数据处理

将 GC-MS 数据导出，用专门软件进行数据处理。利用保留时间和质谱图定性，用内标标准曲线法（内标法和标准曲线结合）定量。工作曲线一般配置 6 个浓度梯度（混合标样和混合内标体积比分别为 5、4、3、2、1 和 0.5），回归时工作曲线强制过原点，得到各待测物质的相对响应因子。将样品中待测物积分后，利用公式 1-18 进行计算。

【质量控制与质量保证】

一、准确度

通常以回收实验来表示 POM 分析方法的准确度。具体步骤如下：

1. 将已知量的标准物质加到一张空白石英采样膜上。

2. 将加入已知量标准物质的石英膜按照与样品分析相同的方法进行预处理、仪器分析和定量。

3. 分样，分为直接进样样品和待衍生样品。

4. 向分好样的样品中加入定量内标，分别进行直接进样和衍生处理后进样。

5. 根据已知定量内标的响应和浓度计算标准物质的浓度。

6. 计算出的标准物质的浓度与加入标准物质浓度比即为回收率。对于环境空气样品分析来说，一般回收率在 60 % ~ 120 % 可满足研究要求。

7. 在 GC-MS 上，每进 15~20 个样品，要增加一组系列标准物质的进样，观

察仪器响应情况，以保证及时反映仪器状况和测定结果。考察每组目标物相对于该组内标的相对响应是否发生变化，该变化不得超过 50%，否则视为无效。

二、精密度

POM 分析的精密度包括仪器精密度和方法精密度两个方面。一般认为 GC-MS 精密度在 30%以内即可满足环境分析的要求。仪器精密度为连续重复 6 次进样分析同一标准物质，考察仪器的重现性，确定精密度。方法精密度为从前处理开始，重复对一个样品进行处理、分析，考察重现性，确定方法精密度。

三、线性

选取 5~8 个浓度的标准物进样，检查工作曲线样品浓度与仪器响应值线性相关系数是否大于 0.99，如满足这一条件，可以认为其是线性，可满足检测需要。

四、检测限和定量限

检测限按照 3 倍仪器噪声计算，否则为低于检测限，定义为"未检出"。定量限按照 10 倍仪器噪声计算。

五、空白

　　　空白包括实验室系统空白、溶剂空白、仪器空白和现场空白。实验室系统空白为将灼烧好的空白石英膜放入提取瓶中，加入定量内标、溶剂，完成提取、旋蒸、氮吹、衍生等全部程序，进样，观察结果。溶剂空白和仪器空白只针对 GC-MS 系统，前者为用正己烷向 GC 中直接进样，观察有无杂质峰，后者不加任何样品，直接空气进样。现场空白，即将空白膜与采样膜一同带到现场，让采样泵不工作，不抽取收集大气颗粒物，除此之外，现场空白膜与采样膜经历同样的过程。实验室系统空白的目的为检查有无除内标物质外的杂质峰，溶剂空白的目的为检查有无溶剂杂质峰，仪器空白的目的为检查仪器基线状况，现场空白的目的为检查采样系统是否存在杂质，当现场空白本底较高时应予以扣除。

【思考题】

1. 为何要控制定容体积？定容体积读数的略微差异是否影响定量结果？

2. 将衍生瓶中的样品体积氮吹至少于 100 μL 的作用是什么？能否氮吹至干？

3. 加入同位素内标后，采用内标法定量的优势有哪些？

4. 离线 POM 分析方法中，前处理步骤复杂且烦琐。热脱附系统（TD）是无须前处理的分析方法，试讨论 TD 的原理及其在 POM 测定中的应用。

【常见问题】

1. 提取液中的甲醇易与衍生化试剂反应，故而需要将衍生瓶中的样品在氮吹仪下吹至近干以减少甲醇的影响。

2. GC-MS 仪器调谐后方可使用，长期未用 GC-MS，需要重新调谐和走

标准曲线。

3. 切勿混淆用于不同溶剂的微量注射器，长期未使用的微量注射器，需要用正己烷、丙酮、提取液各清洗 100 次。

4. 旋转蒸发时茄形瓶中剩余液体约 1~2 mL 时应停止，切勿蒸干。

【小知识】

气相色谱 - 质谱（GC-MS）是分析大气气态和颗粒态有机物的常用技术手段之一，但难以有效分离 POM 中的部分中等挥发性组分，这是由于其组分复杂，挥发性分布范围宽，极性范围广，常在普通色谱柱中"共流出"。近年来，全二维气相色谱（GC×GC）发展迅猛，其基本原理为通过调制，将第一根色谱柱的流出物导入至第二根色谱柱再次分离，极大程度上增加了分离效果。耦合热脱附系统（TD）的全二维气相色谱 - 质谱已成为大气 POM 组分分析中最有前景的先进测量方法。

【参考文献】

［1］环境保护部 . 环境空气和废气 气相和颗粒物中多环芳烃的测定 气相色谱 - 质谱法：HJ 646—2013[S].

［2］EMEP. EMEP manual for sampling and chemical analysis[EB/OL]. (2001) [2021-12-27]. http://www.emep.int/

［3］王立，汪正范 . 色谱分析样品处理 .2 版 [M]. 北京：化学工业出版社，2006.

挥发性有机化合物（Volatile Organic Compounds，VOCs）是环境空气中普遍存在的一类化合物，一般是指在标准状态下饱和蒸气压较高（饱和蒸气压大于 13.33 Pa）、沸点较低、分子量小、常温状态下易挥发的有机化合物。挥发性有机化合物（简称挥发性有机物）是大气对流层非常重要的痕量组分，在大气化学过程中扮演极其重要的角色，是 O_3 和二次有机气溶胶（Secondary Organic Aerosol, SOA）的前体物，对大气的氧化能力、二次有机污染形成、人体健康等方面都有重要影响。在阳光照射下，大气中 VOCs 和 NO_x 发生光化学反应生成 O_3、过氧乙酰硝酸酯（PAN）、高活性自由基 (OH、RO_2、HO_2)、醛类、酮类、有机硝酸酯等二次污染物，形成高氧化性的混合气团，即光化学烟雾。VOCs 反应所生成的氧化态的反应产物，其饱和蒸气压通常要比还原态的低得多，因此还可以进一步通过氧化、成核、凝结等过程形成 SOA。因此城市和区域高浓度 O_3 和二次细颗粒物的形成都关系到 VOCs 的化学转化过程。此外，研究已证实 VOCs 除了参与大气化学反应过程外，一些 VOCs 化合物如苯系物、1,3- 丁二烯、醛类等具有刺激性、毒性和致癌作用，一些 VOCs 反应所生成的 O_3、硝酸酯类等多种二次污染物，在逆温或不利于扩散的气象条件时，也会使人眼和呼吸道受刺激或诱发各种呼吸道炎症，危害人体健康。

【实验目的】

  1. 掌握 VOCs 离线罐采样的采样流程和注意事项。

  2. 学习 TH-PKU 300B 型大气挥发性有机物监测系统的基本原理，掌握样品分析流程及数据处理方法。

  3. 了解 VOCs 离线分析中的 QA/QC 程序，学习自动清罐仪、标准气体稀释仪的使用方法，掌握采样罐清洗和标准气体配制的方法。

【实验原理】

一、TH-PKU 300B 型大气挥发性有机物监测系统

（一）仪器组成

  TH-PKU 300B 型大气挥发性有机物监测系统是采用气相色谱（GC）分离、质谱（MS）和氢火焰离子化检测器（FID）同时进行测定的分析方法，该方法能够分析上百种 VOCs。仪器主要包括进样系统、超低温冷冻捕集与加热解析系统、GC-MS/FID、数据处理系统、供气系统（图 1-10）。

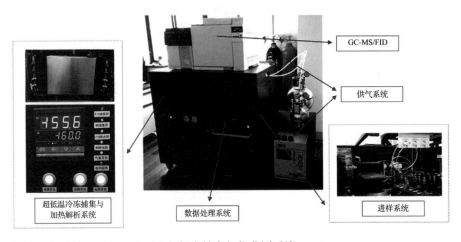

图 1-10　TH-PKU 300B 型大气挥发性有机物监测系统

（二）系统的工作原理

基于超低温冷冻捕集环境大气 VOCs 组分，去除大气中水、二氧化碳等干扰物后，对捕集阱快速加热，使富集的成分迅速气化进入气相色谱毛细管柱进行分离，经双色谱柱分离后采用质谱和氢火焰离子化检测器同时进行检测。一个完整的循环包括 5 个步骤：样品采集、冷冻捕集、加热解析、GC-MS 分析和系统加热反吹（图 1-11）。

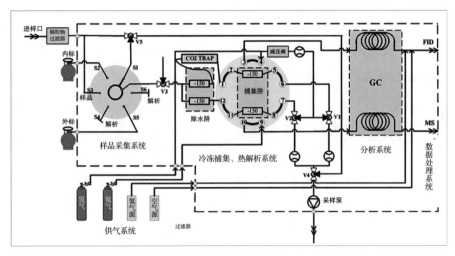

图 1-11 系统控制流程

1. 样品采集

通过采样泵进行样品采集，采用双气路同时进样。进样时大气先经过一个装有 2 μm 的 PTFE 滤膜的 Teflon 过滤器，除去空气中的颗粒物。通过六位阀进样，选择不同的位置即可完成环境样品、内标、标准样品的进样。

2. 冷冻捕集

超低温冷阱制冷原理为压缩机复叠式制冷，冷阱温度可恒定在 −150℃至 −155℃，保证目标化合物完全捕集。采集的样品分两路先进入除水管中，在一定温度下除去大气中的水分，之后进入捕集阱中将 VOCs 化合物进行冷冻捕集，通过软件控制系统来控制采样流量、除水温度、冷冻捕集温度。

125

3. 加热解析

样品捕集完成后，通过阀切换至进样位置，同时加热组件快速加热，捕集阱在 5~10 s 内由 −150℃迅速升温并恒定维持在所需温度 100℃，目标化合物瞬间热解析并随载气快速进入 GC-MS/FID 系统进行分析。快速热解析可获得良好的分析效果。

4.GC–MS 分析

气相色谱（GC）：是一种利用样品在色谱柱中气相和固定相间分配系数的不同，使混合物中各组分在两相间反复进行分配，从而实现物质分离的色谱方法。两相其中一相是为固定相，另一相为流动相，也即气体携带混合物流过固定相，与固定相发生作用，在同一推动力下，不同组分在固定相中滞留的时间不同，依次从固定相中流出。

质谱（MS）：是一种通过测定被测样品离子的质荷比来进行分析的方法。电子轰击源（EI）将化合物电离，并将离子传输至质量分析器，质量分析器根据离子不同的质荷比将离子分离，质谱检测器把离子信号转换成电流信号进行测定。该方法可以对被测样品进行定性、定量分析。

氢火焰离子化检测器（FID）：有机物在氢火焰中离子化，在外加的电场作用下，形成离子流，根据离子流产生的电信号强度，检测被色谱柱分离的组分。

5. 系统加热反吹

供气系统是监测设备能够正常运行的保障。高纯氦气（99.999% 以上）为 GC-MS 的载气，高纯氢气（99.999% 以上）和合成空气分别为 FID 检测器的燃气和助燃气。高纯氮气（99.999% 以上）为超低温预浓缩系统的加热反吹气源，当样品完成解析进入 GC 进行分析时，可通过加热并用高纯氮反向吹扫清洗进样系统，以保证进样阀及管路的清洁。各类气体需要加装气体净化器，可以去除气体中少量 H_2O、O_2、CO_2、碳氢化合物等杂质的影响。

二、标准气体稀释仪

标准气体稀释仪（图1-12）用于配制准确浓度的标准气体，采用动态稀释法配制。VOCs气体稀释仪采用高精度的质量流量控制器（MFC）分别控制稀释气（零空气或高纯氮气，纯度应大于99.999%，需加装气体净化装置，如除烃吸附阱）和标气的流量。通过调节系统中MFC的流量，即可改变稀释比例，从而精确得到不同输出标气的浓度。利用配制的不同浓度的标气，实现对VOCs的定量分析。

图1-12　标准气体稀释仪

三、自动清罐仪

VOCs采样罐在采样前需通过清罐仪进行清洗。清罐仪（图1-13）一般包括前级泵、高真空泵、加湿装置、加热装置、压力测定装置、气路以及操作软件，可通过软件控制自动完成采样罐的清洗。清罐仪一般配备双级泵来实现系统的真空要求，采用无油隔膜泵作为前级泵，采用分子涡轮泵提供高真空。加湿装置能够对清洗气体（高纯氮气或零空气）加湿，从而减少污染物在采样罐内壁的吸附。可选加热炉或加热带在清洗过程中按照设定温度加热采样罐，目的是更有效地去除罐内残留的污染物。罐清洗气体采用高纯氮气（纯度应大于99.999%，需加装气体净化装置，如除烃吸附阱）。

图 1-13　自动清罐仪

【实验设备与材料】

一、实验仪器与设备

TH-PKU 300B 型大气挥发性有机物（VOCs）监测系统。

清罐仪。

配气仪。

苏玛罐（图 1-14）。

扳手。

限流阀。

二、实验材料与试剂

VOCs 标准气体 [内标：包含溴氯甲烷、1,4- 二氟苯、氘代氯苯和 1- 溴 -4-

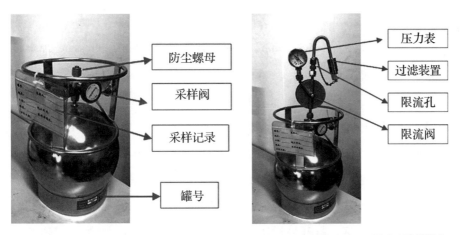

图 1-14 VOCs 采样设备
左图为瞬时采样苏玛罐，右图为限流采样苏玛罐

氟苯 4 种化合物；外标：包含 57 种化合物的光化学前体物 PAMS 气体，内标和外标浓度均为 1×10^{-6}（体积分数）]。

采样记录表及标签。

【实验步骤】

一、苏玛罐的清洗（以 Entech 3100 型清罐仪为例）

1. 打开清洗气 N_2 钢瓶开关，将分压阀压力调至 0.4 MPa。

2. 依次打开初级泵电源和 3100 型清罐仪电源。

3. 拨动仪器前面板上的"Start"按钮，仪器内的分子涡轮泵即开始工作。

4. 将采样罐与仪器清洗架相应接口连接，未连接采样罐的清洗通道应用相应密封螺母拧紧，以防止漏气。

5. 打开 NT3100 软件，等待仪器面板"RPM"下方的绿灯亮后，即分子涡轮泵的转速达到 27 000 r/min 后，点击"Open"，选择合适的清罐程序文件，点击软件"run"进入清罐仪控制界面。

6. 验漏。

第一步，点击"Rough Pump"右侧的方形按钮，观察"Pressure（psia）"下方的示数下降到 0；

第二步，待"Pressure（psia）"下方的示数降至 0 以下后，点击"H.V.Pump"右侧的方形按钮，观察"Vacuum（mtorr）"下方的示数变化，如果能降至 10 以下，则可进行第三步，如果不能降至 10 以下，说明清洗系统存在漏气，应逐一进行检查；

第三步，点击"All off"旁的方形按钮。

7. 验漏通过后，打开采样罐的阀，点击软件界面上"GO"，仪器即自动开始完成整个清洗过程。整个清洗过程一般可设置为 3 个循环，首先采样罐阀打开后即向采样罐内充 N_2 至 20 psi，接着初级泵将采样罐内的压力抽至 2 psi 以下后分子涡轮泵开始工作，分子涡轮泵将采样罐内的压力抽至 1000 mtorr 以下后，即开始下一循环。重复上述过程 3 次，前两次循环时"Cycle Cleaning"前的指示灯会亮，最后一次循环时"Final Evacuation"前的指示灯会亮，且最后一次循环直接将采样罐内压力抽至 40 mtorr 以下后"Idle"前的灯会亮，即完成整个清洗过程。

8. 待软件界面"Idle"前的指示灯亮后，将采样罐阀关闭，点击软件界面"Stop"键，即完成采样罐的清洗工作。

9. 若需继续清洗其他采样罐，则更换罐子并重复以上 4~8 步骤。

10. 所有罐子清洗完毕后，依次关闭 N_2 钢瓶开关，拨动 3100 面板上"Stop"键关闭分子涡轮泵，关闭初级泵，等待 10 min 后，关闭 3100 型清罐仪电源。

二、环境样品采集

1. 采样地点尽量选择在空旷处（如楼顶），周围没有建筑物或树木遮挡，没有 VOCs 排放源。

2. 瞬时采样：先将罐上的防尘螺母拧下，将采样罐举过头顶，逆时针旋转采样阀，直至听到"哧哧"声，此时采样罐开始采样；等待 30 s 至 1 min，将采样阀顺时针拧紧。最后将防尘螺母拧上。

3. 限流采样：将罐上的防尘螺母拧下，将限流阀与采样罐连接，先用手拧，再用扳手将连接螺母拧紧（用力适度）。一些限流阀过滤装置前端有防尘螺母，也需要拧下。逆时针旋转采样阀，此时限流阀压力表应显示 25~30"Hg，若低于 25"Hg，说明此采样罐漏气，需更换新采样罐。采样罐开始采样，记录采样开始时间，在设定的采样时间完成后，将采样阀顺时针拧紧，将限流阀卸下，最后将防尘螺母拧上。

4. 采样结束后，记录采样记录表相关内容，包括罐号、采样人、采样地点、采样日期、采样时间。限流采样还应记录采样结束后罐内压力。

5. 注意事项：避免用手直接接触防尘螺母下采样口及限流阀的进气口，以免造成污染；采样人员禁止涂抹香水、花露水等用品避免造成污染；选择采样地点时应尽量避开明显的局地污染源；及时填写采样记录表（表 1-14）记录采样状态。

表 1-14 苏玛罐采样记录表

VOCs样品	样品编号	采样罐编号	采样时间		天气	采样人员
			开始	结束		
例	PKU2019090101	0203	8:00	8:30	晴	XXX
1						
2						
...						
备注						
说明	1. 样品编号记录格式为"站点简称 + 采样日 + 当日样品数"，如PKU2019090101，北大点 2019 年 9 月 1 日第一个 VOCs 样品； 2. 采样罐编号记录当前样品采样罐下方的编号； 3. 采样过程中有任何异常现象，如明显附近局地源污染、样品受到污染、采样时间未控制好等情况，做好相关记录；采样过程中如遇有短时降水，备注降水时段和强度。					

三、样品分析

1. 打开载气阀通入载气。

2. 打开 GC 开关。

3. 打开 MS 开关。

4. 打开计算机操作软件，进入主菜单窗口。

5. 抽真空，点击 Vacuum Control，点击 Auto startup，让真空泵自动抽真空，抽真空时间应在 4 h 以上。

6. 调谐（进入 Tuning 界面）。真空稳定后，点击 Peak Monitor View，进行验漏；点击 Auto Tuning Condition，设置调谐条件，点击 Start Auto Tuning，进行自动调谐，结束后，输出调谐报告；点击 File，选择 Save Tuning File As，保存调谐文件；关闭调谐界面。

7. 编辑方法。编辑进样口和进样参数：质谱进样方式为 GC；进样方式为手动；质谱连接到后进样口；

8. 编辑 GC 参数。"自动进样器"会显示无进样器；色谱柱相关参数设置；柱箱相关参数设置；检测器相关参数设置。

9. 编辑 MSD 参数。全扫描（Scan）和离子扫描（SIM）参数的设置。

10. 单个样品采集。调用合适的方法，选择数据文件的保存位置、数据文件名称和样品名称，并使 GC-MS 进入"预运行"状态。

11. 将苏玛罐连接对应进样口，然后打开苏玛罐的阀门，启动预浓缩程序开始进样，待仪器完成整个分析过程。

12. 未知样品浓度计算。

（1）FID 检测器

未知样品的浓度（C_x），可通过下式计算获得：

$$C_x = \frac{A_x}{\overline{RF}} \qquad\qquad （公式 1\text{-}19）$$

式中，A_x 为标准化合物响应值，$\overline{RF}$ 为由标准曲线得到的平均绝对响应因子。

（2）MS 检测器

未知样品的浓度（C_x），可通过下式计算获得：

$$C_x = \frac{A_x C_{\text{istd}}}{A_{\text{istd}} \overline{RRF}}$$ （公式 1-20）

式中，A_x 为未知样品中化合物响应值；A_{istd} 为内标化合物响应值；C_{istd} 为内标浓度 [10^{-9}（体积分数）]；$\overline{RRF}$ 为由标准曲线得到的平均相对响应因子。

四、标准气体配制（以 Entech 4600A 型标准气体稀释仪为例）

1. 仪器预热：打开稀释仪电源开关，预热 15 min 以上。

2. 打开标气和稀释气体：先打开氮气和标气的钢瓶阀门，顺序是先打开钢瓶上的总压阀再打开分压阀。将分压阀调节到 40~60 psi。

3. 配气前吹扫：设置氮气的流量为 1500 mL/min 左右，吹扫配气仪内部气路 5~10 min。

4. 设置配气参数：根据所需配制的标气的浓度，调节配气仪上的面板设置，使氮气和标气的流量达到预设值（标气的流量的设定范围在 5~45 mL/min，氮气的流量在 500~4500 mL/min）。

5. 混合平衡：气体混合平衡的时间至少要 10 min。

6. 配气：连接苏玛罐，点击触摸控制板上的 "GO" 开始向罐内充气。配气到达目标压力后关闭罐阀，点击触摸控制面板上的 "STOP"，卸下苏玛罐。

7. 配气结束后吹扫系统：调节配气仪面板，使标气的流速为 0，氮气的流速为 1500 mL/min 左右，吹扫配气仪 5~10 min。

8. 关机：吹扫完毕后关闭仪器后面电源开关，关闭氮气和标气钢瓶上的阀门，先关闭总压阀，再关闭分压阀。

9. 稀释后标准气体浓度计算 [（浓度单位 10^{-9}（体积分数）]：

$$C_f = C_i \times \left(\frac{f_i}{f_t}\right) = \left(\frac{f_t}{f_i + f_d}\right)$$ （公式 1-21）

式中，C_f 为稀释后标气浓度；C_i 为标气初始浓度；f_i 为标气流量；f_t 为总流量；f_d 为稀释气流量。

一、MSD 调谐

在开始系统分析之前，应对质谱仪进行调谐。仔细检查调谐报告，对轮廓图中峰形、同位素峰分离情况、电子倍增器（EM）电压，质谱图中峰数目、基峰的绝对丰度、水和空气峰相对于质荷比为 69 的离子的比例，以及质量分配、相对丰度和同位素比等评价指标进行核查。其中，要求轮廓图中半峰宽（PW50）在 0.55 ± 0.1；质谱图中峰的个数小于 200，较低的水峰和氮峰，应小于 10%。

二、空白分析

采用已经清洗干净的采样罐，在罐中充入加湿的零空气或高纯氮气，按照分析样品相同的步骤进行分析，空白中应加入与样品分析相同量的内标。通过空白分析检查仪器系统内部是否有吸附或是污染状况。空白实验应该在开机平衡后正式分析样品之前、每分析 10 个样品之后或是分析了高浓度样品之后进行。

三、仪器标定

采用内标和外标，对仪器进行系统标定，建立校准工作曲线，用于待测化合物的定性和定量分析。配制的内标化合物为固定浓度，通常采用 4×10^{-9}（体积分数）。配制的外标化合物浓度在 $(0.5 \sim 8) \times 10^{-9}$（体积分数）范围内选择 5 个浓度点建立工作曲线。仪器标定具体方法是：

（1）将配制好的内标和外标的苏玛罐分别连接至仪器对应的进样口。

（2）FID 检测器在标定时只进外标，MS 检测器在进样时除外标外还需加入等量的内标进行分析，同一浓度梯度重复进样 3~4 次。

（3）建立校准工作曲线：

外标法获得的是绝对响应因子（RF）

$$RF = \frac{A_i}{C_i} \qquad \text{（公式 1-22）}$$

式中，A_i 为标准化合物响应值；C_i 为标准化合物浓度 [10^{-9}（体积分数）]。

内标法获得的是相对校正因子（RRF）

$$RRF = \frac{\dfrac{A_i}{A_{istd}}}{\dfrac{C_i}{C_{istd}}} \qquad \text{（公式 1-23）}$$

式中，A_i 为标准化合物响应值；A_{istd} 为内标化合物响应值；C_i 为标准化合物浓度 [10^{-9}（体积分数）]；C_{istd} 为内标浓度 [10^{-9}（体积分数）]。

外标法以标准化合物响应值和标准化合物浓度做线性回归，内标法以标准化合物响应值 / 内标化合物响应值和标准化合物浓度 / 内标化合物浓度的比值做线性回归，检查每个化合物的线性相关系数是否大于 0.98，如满足这一条件，可满足检测质控需要。

【思考题】

1. 选用内标化合物的原则是什么？ VOCs 分析中质谱的定量为何要采用内标法？

2. VOCs 采样和分析过程中有哪些干扰因素会影响测定的准确性？

3. VOCs 化合物为何要在超低温下进行冷冻捕集？

【常见问题】

1. 使用 GC-MS 前需要对仪器进行调谐，调谐通过后方可进行实验。

2. GC-MS 长时间关机后，再开机需要重新调谐和标定。

3. 当样品浓度太高，导致色谱柱过载或者污染时，体系中的残留物可能留在色谱柱柱头处，难以去除，此时可截去色谱柱头一小截后重新进行实验。

【小知识】

大气中 VOCs 来源非常复杂，其既可以从自然源或人为源直接排放进入环境大气（一次源），也可以通过光化学反应生成（二次源）。VOCs 的自然源主要是森林和各类植物排放，占 VOCs 总排放的一定比例。随着经济的发展，由人类的大部分生产、生活活动向大气中排放的 VOCs 成为城市大气中 VOCs 的主要来源。这些源主要包括燃油机车、船舶、飞机等以石油为主要燃料的发动机的排放、石油化工生产、涂料及溶剂生产使用、印刷油墨挥发、生物质燃烧等。

【参考文献】

[1] 陆思华，邵敏，王鸣. 城市大气挥发性有机化合物（VOCs）测量技术 [M]. 北京：中国环境科学出版社，2012.

附表：57 种 PAMs 化合物信息表

序号	CAS No.	英文名	中文名
1	74-84-0	Ethane	乙烷
2	74-85-1	Ethylene	乙烯
3	74-98-6	Propane	丙烷
4	115-07-1	Propylene	丙烯
5	75-28-5	*iso*-Butane	异丁烷
6	106-97-8	*n*-Butane	正丁烷
7	74-86-2	Acetylene	乙炔
8	624-64-6	*trans*-2-Butene	反 -2- 丁烯
9	106-98-9	1-Butene	1- 丁烯
10	590-18-1	*cis*-2-Butene	顺 -2- 丁烯
11	287-92-3	Cyclopentane	环戊烷
12	78-78-4	*iso*-Pentane	异戊烷
13	109-66-0	*n*-Pentane	正戊烷
14	646-04-8	*trans*-2-Pentene	反 -2- 戊烯
15	109-67-1	1-Pentene	1- 戊烯
16	627-20-3	*cis*-2-Pentene	顺 -2- 戊烯
17	75-83-2	2,2-Dimethylbutane	2,2- 二甲基丁烷
18	79-29-8	2,3-Dimethylbutane	2,3- 二甲基丁烷
19	107-83-5	2-Methylpentane	2- 甲基戊烷
20	96-14-0	3-Methylpentane	3- 甲基戊烷
21	78-79-5	Isoprene	异戊二烯
22	110-54-3	*n*-Hexane	正己烷
23	592-41-6	1-Hexene	1- 己烯
24	96-37-7	Methylcyclopentane	甲基环戊烷
25	108-08-7	2,4-Dimethylpentane	2,4- 二甲基戊烷
26	71-43-2	Benzene	苯
27	10-82-7	Cyclohexane	环己烷
28	591-76-4	2-Methylhexane	2- 甲基己烷
29	565-59-3	2,3-Dimethylpentane	2,3- 二甲基戊烷
30	589-34-4	3-Methylhexane	3- 甲基己烷
31	540-84-1	2,2,4-Trimethylpentane	2,2,4- 三甲基戊烷
32	142-82-5	*n*-Heptane	正庚烷

序号	CAS No.	英文名	中文名
33	108-87-2	Methylcyclohexane	甲基环己烷
34	565-75-3	2,3,4-Trimethylpentane	2,3,4- 三甲基戊烷
35	108-88-3	Toluene	甲苯
36	592-27-8	2-Methylheptane	2- 甲基庚烷
37	589-81-1	3-Methylheptane	3- 甲基庚烷
38	111-65-9	*n*-Octane	正辛烷
39	100-41-4	Ethylbenzene	乙苯
40	108-38-3	*m*-Xylene	间二甲苯
41	106-42-3	*p*-Xylene	对二甲苯
42	100-42-5	Styrene	苯乙烯
43	95-47-6	*o*-Xylene	邻二甲苯
44	111-84-2	*n*-Nonane	正壬烷
45	98-82-8	*iso*-Propylbenzene	异丙苯
46	103-65-1	*n*-Propylbenzene	正丙苯
47	620-14-4	*m*-Ethyltoluene	间乙基甲苯
48	622-96-8	p-Ethyltoluene	对乙基甲苯
49	108-67-8	1,3,5-Tri-m-benzene	1,3,5- 三甲基苯
50	95-63-6	1,2,4-Tri-m-benzene	1,2, 4- 三甲基苯
51	526-73-8	1,2,3-Tri-m-benzene	1,2,3- 三甲基苯
52	611-14-3	*o*-Ethyltoluene	邻乙基甲苯
53	124-18-5	*n*-Decane	正癸烷
54	141-93-5	*m*-Diethylbenzene	间二乙基苯
55	105-05-5	*p*-Diethylbenzene	对二乙基苯
56	1120-21-4	Undecane	正十一烷
57	112-40-3	Dodecane	正十二烷

实验十三　室内空气污染基本参数的测定

　　室内环境（indoor environment）是指人群生活、工作、社交或其他活动所处的相对封闭的空间，也是人群长期暴露的场所。室内空气质量对人体健康具有重要影响。室内空气污染的主要来源有建筑材料、清洁剂、餐饮、家电、室内微生物、室内外空气交换等。根据污染来源和性质的不同，室内空气污染监测可分为物理、化学和生物三部分。本实验主要针对物理因素和化学因素两方面，在化学因素方面又分为颗粒物和气态污染物浓度监测两部分。

【实验目的】

1. 掌握室内空气质量监测方法。
2. 掌握各监测仪器的测定原理和操作方法。

【实验原理】

　　物理因素的监测主要包括温度、相对湿度和新风量三方面，本实验中采用数显式温度计法、数字湿度计法和示踪气体法分别对其进行监测。

数显式温度计采用 PN 结热敏电阻、热电偶、铂电阻等作为温度计的传感器，其随温度变化产生的电信号经放大、A/D 变换后示数由显示器读出。

数字湿度计利用湿敏电阻的电阻、电容随环境湿度变化的特性进行环境湿度的测量，示数可由显示器读出。

示踪气体（tracer gas）法即在室内通入适量示踪气体（如 CO_2、SF_6）后，其浓度随室内外交换而成指数衰减，通过测量浓度随时间的变化而计算出室内新风量和换气次数。示踪气体法适用于非机械通风且换气次数小于 5 次 /h，无集中空调系统的公共场所。

颗粒物浓度监测包括可吸入颗粒物 PM_{10} 和细颗粒物 $PM_{2.5}$，采用光散射法测定。当光照射在空气中悬浮的颗粒物上时，产生散射光。在颗粒物性质一定的条件下，颗粒物的散射光强度与其质量浓度成正比。通过测量散射光强度，可求得颗粒物质量浓度。

气态污染物监测包括 CO 和 CO_2，采用不分光红外分析法。CO 和 CO_2 对不同波段的红外线具有选择性吸收。在一定范围内，吸收值与气态污染物浓度成线性关系，根据吸收值可以确定样品中 CO 和 CO_2 的浓度。

【实验设备与材料】

一、实验仪器与设备

1. 数显式温度计：最小分辨率为 0.1℃，测量精度为 ±0.5℃。

2. 数字湿度计：电阻式湿度计或电容式湿度计。

3. 光散射式粉尘仪：

颗粒物捕集特性：PM_{10}：D_{a50}=10 ± 0.5 μm，σ_g=1.5 ± 0.1；

$\qquad\qquad\qquad$ $PM_{2.5}$：D_{a50}=2.5 ± 0.2 μm，σ_g=1.2 ± 0.1。

其中，D_{a50} 为捕集效率为 50% 时所对应的颗粒物空气动力学直径；σ_g 为捕集效率的几何标准差。

测量范围：PM_{10}：不小于 $0.001\sim 10\ \text{mg/m}^3$；

$\qquad\qquad PM_{2.5}$：不小于 $0.001\sim 0.5\ \text{mg/m}^3$。

灵敏度：对于校正粒子，测量灵敏度不低于 $0.001\ \text{mg/m}^3$。

测量相对误差：对于校正粒子测量相对误差小于 $\pm 10\%$。

注：校正粒子为平均粒径 $0.6\ \mu\text{m}$，几何标准偏差 $\sigma \leqslant 1.25$ 的聚苯乙烯粒子。

4. 不分光红外线 CO 气体分析仪：

测量范围：$0.125\sim 62.5\ \text{mg/m}^3$。

重现性：$\leqslant 1\%$ 满量程。

零点漂移：$\leqslant \pm 2\%$ 满量程 $/\text{h}$。

跨度漂移：$\leqslant \pm 2\%$ 满量程 $/3\text{h}$。

线性偏差：$\leqslant \pm 2\%$ 满量程。

响应时间：$t_0\sim t_{90} < 45\ \text{s}$。

5. 不分光红外线 CO_2 气体分析仪：

测量范围：$0\sim 0.5\%$ 档。

重现性：$\leqslant \pm 1\%$ 满刻度。

零点漂移：$\leqslant \pm 2\%$ 满刻度 $/\text{h}$。

跨度漂移：$\leqslant \pm 2\%$ 满刻度 $/3\text{h}$。

温度附加误差：在 $10\sim 45\,^{\circ}\!\text{C}$ 下，$\leqslant \pm 2\%$ 满刻度 $/10\,^{\circ}\!\text{C}$。

一氧化碳干扰：$1250\ \text{mg/m}^3\ \text{CO} \leqslant \pm 0.3\%$ 满刻度。

响应时间：$t_0\sim t_{90} < 15\ \text{s}$。

二、实验材料与试剂

1. 变色硅胶：$120\,^{\circ}\!\text{C}$ 干燥 $2\ \text{h}$。

2. 高纯 N_2：纯度 99.999%。

3. CO 标准气体：不确定度小于 1%。

4. CO_2 标准气体：不确定度小于 1%。

5. 直尺或者卷尺。

6. 电风扇。

7. 塑料铝箔复合薄膜采气袋 0.5 L 或 1 L。

【实验步骤】

一、确定监测布点位置、监测时间、监测频率及方法

（一）监测点的数量

监测点的数量根据监测室内面积大小和现场情况而确定，以期能正确反映室内空气污染物的水平。原则上室内面积不足 50 m² 的设置 1 ~ 3 个点；50 ~ 100 m² 设置 3 ~ 5 个点；100 m² 以上至少设置 5 个点。在对角线上或梅花式均匀分布。

（二）监测点的位置

监测点距离地面 0.5 ~ 1.5 m，原则上与人的呼吸带高度一致，距墙壁不小于 0.5 m，温度测点距离热源不小于 0.5 m，应避开通风口、通风道等。

（三）监测时间和频率

年平均浓度至少采样 3 个月，日平均浓度至少采样 18 h，8 h 平均浓度至少采样 6 h，1 h 平均浓度至少采样 45 min，采样时间应涵盖通风最差的时间段。

二、温湿度测量

分别打开数显式温度计、数字湿度计电源开关，待示数稳定后读数。温湿度传感器元件切勿用手触碰。

三、新风量测量

1. 用尺测量并计算得出室内容积 V_1 和室内物品（桌、柜等）的总体积 V_2。

2. 测量室内 CO_2 浓度本底值。

3. 关闭门窗后用气瓶在室内通入适量 CO_2，而后将气瓶移至室外，用电风扇搅动空气 3~5 min。注意应确保 CO_2 浓度衰减 30 min 后其浓度仍高于仪器检出限。

4. 打开 CO_2 浓度测定仪开关，记录室内中心点 CO_2 浓度。

5. 根据 CO_2 浓度衰减情况，测量从开始至 30~60 min 时段 CO_2 浓度，测量次数不少于 5 次。

6. 调查检测区域设计人流量和实际最大人流量。

四、颗粒物浓度（PM_{10} 和 $PM_{2.5}$）

1. 按要求对粉尘仪进行检查和使用前的光学系统自校准。

2. 根据环境状况设定仪器采样时间与量程。

3. 按使用说明书操作仪器。

4. 每个监测点多次重复测定。

5. 监测点处的环境平均风速应小于 1 m/s，湿度高于 50% 时应在进样口前添加干燥装置。

五、气态污染物（CO 和 CO_2）测量

1. 仪器零点校准：接通电源待仪器稳定后，将高纯 N_2 接入仪器进气口，进行零点校准。

2. 仪器终点校准：将 CO 标准气或 CO_2 标准气接入仪器进气口，进行终

点校准。

3. 零点与终点校准重复 2～3 次，使仪器处在正常工作状态。

4. 采样及样品测定：抽取现场空气冲洗采气袋 3～4 次后，采气 0.5 L 或 1 L，密封进气口，带回实验室分析。或用仪器在现场直接测定，读出空气中 CO 或 CO_2 的浓度。

六、测量结果计算与分析

1. 室内空气体积计算公式

$$V = V_1 - V_2 \qquad （公式 1-24）$$

式中，V 为室内空气体积，m^3；V_1 为室内容积，m^3；V_2 为室内物品总体积，m^3。

2. 换气次数计算公式

$$A = [\ln(c_i - c_0) - \ln(c_1 - c_0)]/t \qquad （公式 1-25）$$

式中，A 为换气次数，即单位时间内由室外进入室内的空气总量与该室内空气总量之比；c_0——CO_2 环境浓度，mg/m^3 或 %；c_1——测量开始时 CO_2 浓度，mg/m^3 或 %；c_i——时间为 t 时 CO_2 浓度，mg/m^3 或 %；t——测量时间，h。

3. 新风量计算公式

$$Q = (A \times V)/P \qquad （公式 1-26）$$

式中，Q 为新风量，单位时间内每人平均占有的室外进入室内的空气量，$m^3/$（人·h）；A 为换气次数；V 为室内空气体积，m^3；P 取设计人流量和实际最大人流量中的高值，单位为人。

其他参数的结果表达：一个区域的测定结果以该区域内各采样点的算术平均值给出。

数显式温度计、数字湿度计和数字式分析仪现场使用，可直接读取实时测量结果，与对应参数的国家室内空气质量标准（表 1-15）比较。

表 1-15　国家室内空气质量标准

序号	参数类别	参数	单位	标准值	备注
1	物理性	温度	℃	22~28	夏季空调
				16~24	冬季采暖
2		相对湿度	%	40~80	夏季空调
				30~60	冬季采暖
3		空气流速	m/s	0.3	夏季空调
				0.2	冬季采暖
4		新风量	$m^3/(h \cdot 人)$	30[a]	
5	化学性	二氧化硫 SO_2	mg/m^3	0.50	1 小时均值
6		二氧化氮 NO_2	mg/m^3	0.24	1 小时均值
7		一氧化碳 CO	mg/m^3	10	1 小时均值
8		二氧化碳 CO_2	%	0.10	日平均值
9		氨 NH_3	mg/m^3	0.20	1 小时均值
10		臭氧 O_3	mg/m^3	0.16	1 小时均值
11		甲醛 HCHO	mg/m^3	0.10	1 小时均值
12		苯 C_6H_6	mg/m^3	0.11	1 小时均值
13		甲苯 C_7H_8	mg/m^3	0.20	1 小时均值
14		二甲苯 C_8H_{10}	mg/m^3	0.20	1 小时均值
15		苯并 [a] 芘 B(a)P	ng/m^3	1.0	日平均值
16		可吸入颗粒物 PM_{10}	mg/m^3	0.15	日平均值
17		总挥发性有机物 TVOC	mg/m^3	0.60	8 小时均值
18	生物性	菌落总数	cfu/m^3	2500	依据仪器定
19	放射性	氡 ^{222}Rn	Bq/m^3	400	年平均值
a 新风量要求≥标准值，除温度、相对湿度外的其他参数要求≤标准值。					

【质量控制与质量保证】

1.气密性检查：动力采样器在采样前应对采样系统气密性进行检查，不得漏气。

2.流量校准：采样系统流量保持恒定，采样前和采样后要用皂膜流量计校准流量，误差不超过 5%。

3. 仪器使用前，应按仪器说明书对仪器进行检验和标定。

4. 每次平行测定，测定结果与平均值比较的相对偏差不超过 20%。

【思考题】

1. 本实验测定新风量所用示踪气体为 CO_2，但亦可使用 SF_6，试说明使用后者的优缺点。

2. 分析使用数字式分析仪时的注意事项。

3. 分析影响室内空气污染监测代表性和准确性的因素，如何改进？

【常见问题】

1. 环境相对湿度对光散射法测定颗粒物浓度存在干扰，环境相对湿度 $\geqslant$ 50% 时应在进样口前端增加除湿装置。

2. 空气中 CH_4、CO_2、水汽等非待测组分对 CO 测定结果存在影响，采用气体滤波相关技术及多次反射气室结构，可消除空气中 CH_4、CO_2 等非待测组分的干扰，采用干燥剂可去除水汽干扰。

3. 空气中的水汽会对 CO_2 测定产生干扰，将空气样品经干燥后再进入仪器可去除水汽干扰。安装波长 4260 nm 的红外滤光片，空气中的 CH_4、CO 等非待测组分干扰较小。

【小知识】

一个成年人每天大约呼吸 2 万多次，而人的一生中 80% 以上的时间是在室内环境中度过的。因此，室内空气质量对人体健康有直接且重要的影响。早在 1987 年，国务院就颁布了《公共场所卫生管理条例》，并相继出台了公共场所的卫生标准，其中对室内空气、微小气候（湿度、温度、风速）等多部分进行了规定。现行的《室内空气质量标准》于 2002 年发布，是室内环境监测的重要依据，但实施十余年来也需要"与时俱进"。新标准的修订工作已于 2018 年启动，将秉持以人的健康为本的宗旨，严格规定与人群健康密切相关的生物、物理、化学和放射性等因素，尽可能降低公众的健康风险。

【参考文献】

［1］国家质量监督检验检疫总局，卫生部，国家环境保护总局. 室内空气质量标准: GB/T 18883—2002[S].

［2］国家质量监督检验检疫总局，国家标准化管理委员会. 公共场所卫生检验方法 第 1 部分: 物理因素: GB/T 18204.1—2013[S].

［3］国家卫生和计划生育委员会，国家标准化管理委员会. 公共场所卫生检验方法 第 2 部分: 化学污染物: GB/T 18204.2—2014[S].

室内空气中甲醛（HCHO）的主要来源包括建筑材料、家具、人造板材、黏合剂、涂料、合成织品、吸烟等。HCHO 是一种无色、具有刺激性且易溶于水的气体。其挥发性很强，有凝固蛋白质的作用。

甲醛为较高毒性的物质，高居我国有毒化学品优先控制名单的第二位。2004 年 HCHO 被国际癌症研究机构（IARC）确定为 A 类致癌物。长期暴露在 HCHO 环境下会导致癌症，HCHO 还可能损害人的中枢神经，导致神经行为异常。

HCHO 是室内空气质量的主要污染物之一，对室内生活有显著的不良效应。酚试剂分光光度法是一种常用的室内 HCHO 监测方法，其灵敏度较高，结果准确，可以有效地实现室内 HCHO 的监测。

【实验目的】

1. 掌握室内 HCHO 样品的采集和保存方法。
2. 掌握使用酚试剂分光光度法测量室内空气 HCHO 的方法。

【实验原理】

空气中的 HCHO 与酚试剂反应生成嗪，嗪在酸性溶液中被高铁离子氧化成蓝绿色化合物。根据颜色深浅，比色定量。

【实验器材】

本方法所用水均为重蒸馏水或去离子交换水；所用的试剂纯度一般为分析纯。

一、实验仪器与设备

1. 大型气泡吸收管：出气口内径为 1 mm，出气口至管底距离等于或小于 5 mm。

2. 恒流采样器：流量范围 0~1 L/min。流量稳定可调，恒流误差小于 2%，采样前和采样后应用皂膜流量计标定采样系列流量，误差小于 5%。

3. 分光光度计：在 630 nm 测定吸光度。

二、实验材料与试剂

1. 具塞比色管：10 mL，9 支。

2. 吸收液原液：称量 0.10 g 酚试剂 $[C_6H_4SN(CH_3)C: NNH_2 \cdot HCl$，简称 MBTH]，加水溶解至 100 mL。放入冰箱中保存，可稳定 3 d。

3. 吸收液：量取吸收液原液 5 mL，加 95 mL 水，即为吸收液。采样时，临用现配。

4. 1% 的 $NH_4Fe(SO_4)_2 \cdot 12H_2O$ 溶液：称量 1.0 g $NH_4Fe(SO_4)_2 \cdot 12H_2O$，用 0.1 mol/L 盐酸溶解，并稀释至 100 mL。

5. 0.1000 mol/L 碘溶液：称量 40 g KI，溶于 25 mL 水中，加入 12.7 g I_2。待 I_2 完全溶解后，用水定容至 1000 mL。移入棕色试剂瓶中，暗处储存。

6. 1 mol/L NaOH 溶液：称量 40 g NaOH 溶于水中，并稀释至 1000 mL。

7. 0.5 mol/L H_2SO_4 溶液：量取 28 mL 浓硫酸缓慢加入水中，冷却后，用水稀释至 1000 mL。

8. $Na_2S_2O_3$ 标准溶液 $[c(Na_2S_2O_3)=0.1000$ mol/L$]$：可购买标准试剂配制。

9. 0.5% 淀粉溶液：称量 0.5 g 可溶性淀粉，用少量水调成糊状后，加入 100 mL 沸水，并煮沸 2~3 min 至溶液透明。冷却后，加入 0.1 g 水杨酸或 0.4 g $ZnCl_2$ 保存。

10. HCHO 标准储备液：量取 2.8 mL 含量为 36%~38% HCHO 溶液，放入 1 L 容量瓶中，加水稀释至刻度。此溶液 1 mL 约相当于 1 mg HCHO。其准确浓度用下述碘量法标定：

HCHO 标准储备液的标定：精确量取 20.00 mL 待标定的 HCHO 标准储备液，置于 250 mL 碘量瓶中。加入 20.00 mL 0.0500 mol/L 碘溶液和 15 mL 1 mol/L NaOH 溶液，摇匀后放置 15 min。加入 20 mL 0.5 mol/L H_2SO_4 溶液，再放置 15 min。用 $Na_2S_2O_3$ 标准溶液滴定，至溶液呈现浅黄色时，加入 1 mL 0.5% 淀粉溶液，继续滴定至恰使蓝色褪去为止，并记录所用 $Na_2S_2O_3$ 标准溶液体积 (V_2)，mL。同时用水作试剂空白滴定，记录空白滴定所用 $Na_2S_2O_3$ 标准溶液体积 (V_1)，mL。

HCHO 溶液的浓度用如下公式计算：

$$\rho = (V_1 - V_2) \times M \times 15/20 \qquad （公式 1-27）$$

式中，ρ—甲醛标准储备液中甲醛浓度，mg/mL；V_1—试剂空白消耗 $Na_2S_2O_3$ 溶液的体积，mL；V_2—HCHO 标准储备液消耗 $Na_2S_2O_3$ 溶液的体积，mL；M—$Na_2S_2O_3$ 溶液的摩尔浓度，mol/L；15—HCHO 的当量；20—所取 HCHO 标准储备液的体积，mL。

两次平行滴定，误差应小于 0.05 mL，否则重新标定。

11. HCHO 标准溶液：临用时将 HCHO 标准溶液用水稀释至 1.00 mL 含 10 μg HCHO 溶液，立即再取此溶液 10.00 mL，加入 100 mL 容量瓶中，加 5 mL 吸收液原液，用水定容至 100 mL，此液 1.00 mL 含 1.00 μg HCHO，放置 30 min 后，用于配制标准色列。此溶液可稳定 24 h。

【实验步骤】

一、样品采集

用一个内装 5 mL 吸收液的大型气泡吸收管，以 0.5 L/min 流量采气 10 L，并记录采样点的温度（t，℃）和气压（P，kPa）。采样后的样品室温下应在 24 h 内分析。

二、实验室分析

（一）标准曲线的绘制

取 10 mL 具塞比色管 9 支，用表 1-16 制备 HCHO 标准系列。

表 1-16　HCHO 标准系列

管号	0	1	2	3	4	5	6	7	8
标准溶液 /mL	0	0.10	0.20	0.40	0.60	0.80	1.00	1.50	2.00
吸收液 /mL	5.0	4.9	4.8	4.6	4.4	4.2	4.0	3.5	3.0
HCHO 含量 /μg	0	0.1	0.2	0.4	0.6	0.8	1.0	1.5	2.0

各管中，加入 0.4 mL 1% $NH_4Fe(SO_4)_2 \cdot 12H_2O$ 溶液，摇匀。放置 15 min。用 1 cm 比色皿，在波长 630 nm 下，以水作为参比，测定各管溶液的吸光度。以 HCHO 的含量为横坐标，吸光度为纵坐标，绘制曲线，并计算回归线斜率，以斜率倒数作为样品测定的计算因子 B_g。

（二）样品测定

采样后，将样品溶液全部转入比色管中，用少量吸收液洗吸收管，合并使总体积为 5 mL。按绘制标准曲线的操作步骤测定吸光度（A），在每批样品测定的同时，用 5 mL 未采样的吸收液作试剂空白，测定试剂空白的吸光度（A_0）。

三、结果计算

将采样体积按公式换算成标准状态下的采样体积：

$$V_0 = V_t \times [T_0 / (273+t)] \times P/P_0 \qquad （公式 1-28）$$

式中，V_0—标准状态下的采样体积，L；V_t—采样体积，为采样流量与采样时间的乘积；t—采样点的气温，℃；T_0—标准状态下的绝对温度，273 K；P—采样点的大气压力，kPa。P_0—标准状态下的大气压，101 kPa。

利用如下公式计算空气中 HCHO 浓度：

$$\rho = (A - A_0) \times B_g / V_0 \qquad （公式 1-29）$$

式中，ρ—空气中 HCHO 的浓度，mg/m^3；A—样品溶液的吸光度；A_0—试剂空白的吸光度；B_g—计算因子；V_0—标准状态下的采样体积，L。

【质量控制与质量保证】

1. 测量范围：用 5 mL 样品溶液，本实验方法测定范围为 0.1~1.5 μg HCHO；采样体积为 10 L 时，可测浓度范围为 0.01~0.15 mg/m³。

2. 干扰和排除：SO_2 共存使测定结果偏低，可将气样先通过 $MnSO_4$ 滤纸过滤器，予以排除。

3. 再现性：当样品中 HCHO 含量为 0.1 μg/5 mL，0.6 μg/5 mL，1.5 μg/5 mL 时，重复测定的变异系数分别为 5%、5%、3%。

4. 回收率：当样品中 HCHO 含量为 0.4~1.0 μg/5 mL 时，样品加标准样品的回收率为 93%~101%。

【思考题】

1. 室内 HCHO 采样点如何选择和采样之前室内应满足什么样的通风条件，才能保证数据的真实性和代表性？

2. 室内 HCHO 监测还有什么其他常见的方法？其原理是什么？谈谈这些方法的优劣。

【常见问题】

1. 温度对于显色反应的影响显著，所以绘制标准曲线时与样品测定时温差不能太大。

2. 显色反应需要一定的时间才能达到平衡，所以放置时间一定不能低于 15 min。

【小知识】

　　甲醛对眼、鼻、喉的黏膜有强烈的刺激作用，最普遍的症状就是眼睛受刺激和头痛，严重的可引起过敏性皮炎和哮喘。由于甲醛可与蛋白质反应生成氮次甲基化合物而使细胞中的蛋白质凝固变性，因而可抑制细胞机能。此外，甲醛还能和空气中的离子性氯化物反应生成二氯甲基醚，而后者是一种致癌物质。甲醛可被室内的高比表面材料吸附富集，当室内温度升高时又重新释放出来，加剧污染效应。我国《室内空气质量标准》规定二类民用建筑工程室内空气中甲醛的限值为 $0.10\ mg/m^3$，一类民用建筑工程室内空气中甲醛的限值为 $0.08\ mg/m^3$。其中一类民用建筑工程包括：住宅、医院、学校教室、老年建筑、幼儿园。

【参考文献】

　　［1］国家环境保护总局．室内环境空气质量监测技术规范：HJ /T 167—2004[S].

　　［2］唐孝炎，张远航，邵敏．大气环境化学 [M]. 北京：高等教育出版社，2006.

第二部分

水质监测

实验一　水体氨氮的测定

氨氮含量是水体水质评价中的一个重要指标，被用于判断水体是否被污染和评估水体自净能力。氨氮是指水体中以游离氨（NH_3）和铵离子（NH_4^+）形式存在的氮。水体氨氮主要来源于人和动物的排泄物，生活污水、雨水径流和农用化肥的流失也是水体氨氮重要来源。水体氨氮还来自化工、冶金、油漆颜料、煤气、炼焦、鞣革、化肥等工业废水中。污染水体中的氨氮会导致富营养化产生，消耗水体中的溶解氧，对鱼类等水生生物有害。2019 年《中国生态环境状况公报》显示氨氮是黄河流域、松花江流域的主要污染因子。氨氮测定的常用方法有纳氏试剂分光光度法、水杨酸盐分光光度法、氨气敏电极法，这些方法各有特点，纳氏试剂分光光度法灵敏度高、操作简便，成为水体氨氮测定普遍使用的方法。

【实验目的】

1. 了解水体中氨氮的来源。
2. 掌握纳氏试剂分光光度法的测定原理。
3. 掌握纳氏试剂分光光度法测定氨氮的基本操作。

【实验原理】

  以游离态氨或铵离子等形式存在的氨氮与纳氏试剂（碘和汞离子）反应生成淡红棕色配合物，该配合物在波长 420 nm 处的吸光度与氨氮含量成正比。

【实验设备与材料】

一、实验仪器与设备

  1. 紫外 - 可见光分光光度计（10 mm 比色皿 2 个）1 台。

  2. 万分之一天平 1 台。

二、实验材料与试剂

  1. 超纯水（反渗透膜过滤原理的超纯水机出水，pH=7，电阻 =18.2 $M\Omega \cdot cm$，TOC 为 5~10 ppb）。

  2. 具塞比色管（50.0 mL）10 个、胶头滴管 2 个、洗耳球 1 个、药匙、标签纸、记号笔。

  3. 实验室常用玻璃器皿：3 个 200 mL 烧杯、2 根玻璃棒、100 mL 和 1000 mL 棕色玻璃瓶各一个、500.00 mL 和 1000.00 mL 容量瓶各一个、2 个 1.00 mL 吸量管、1 个 5.00 mL 吸量管、1 个 10.00 mL 吸量管、500 mL 带有磨口玻璃塞的玻璃瓶 / 聚乙烯瓶。

  4. 纳氏试剂：二氯化汞 - 碘化钾 - 氢氧化钾（$HgCl_2$-KI-KOH）溶液，体

积 200 mL，直接购买。

5. 酒石酸钾钠溶液（浓度 500 g/L）：称取 50.0 g 酒石酸钾钠（KNaC$_4$H$_6$O$_6$·4H$_2$O，分析纯 AR）溶于 100.0 mL 水中，液体转移至 100 mL 棕色玻璃瓶储存，可在 2~5℃保存 1 个月。

6. 氨氮标准溶液：

（1）氨氮标准储备液，含氮浓度 ρ_N =1000.0 μg/mL：

称取 3.8190 g 氯化铵（NH$_4$Cl，优级纯，100~105℃下干燥 2 h），溶于水中，移入 1000.00 mL 容量瓶中，稀释至标线，容量瓶内液体转移至 1 L 棕色玻璃瓶中储存，可在 2~5℃保存 1 个月。

（2）氨氮标准工作溶液，含氮浓度 ρ_N=10.0 μg/mL：

吸取 5.00 mL 氨氮标准储备液于 500.00 mL 容量瓶中，稀释至刻度。使用前配制。

【实验步骤】

一、校准曲线的制作

在 8 个 50.0 mL 比色管中，分别加入 0.00 mL、0.50 mL、1.00 mL、2.00 mL、4.00 mL、6.00 mL、8.00 mL 和 10.00 mL 氨氮标准工作溶液，对应的氨氮含量分别为 0.0 μg、5.0 μg、10.0 μg、20.0 μg、40.0 μg、60.0 μg、80.0 μg 和 100 μg，加超纯水至标线。加入 1.00 mL 酒石酸钾钠溶液，摇匀，再加入纳氏试剂 1.00 mL，摇匀。放置 10 min 后，在波长 420 nm 下，用比色皿，以超纯水作参比，测量吸光度。以空白校正后的吸光度为纵坐标，以其对应的氨氮含量（μg）为横坐标，绘制校准曲线。

二、样品测定

1. 样品采集与保存：水样采集在聚乙烯瓶或玻璃瓶内，1 天内分析。如需保存，加硫酸使水样酸化至 pH<2，2~5℃可保存 7 天。

2. 取水样 50 mL 加入 50 mL 比色管中，加 1.00 mL 酒石酸钾钠溶液。以下同校准曲线的绘制。

3. 空白实验：用超纯水代替水样，按与样品相同的步骤进行前处理和测定。

三、结果计算

水中氨氮的质量浓度按下式计算：

$$\rho_{N} = \frac{A_s - A_b - a}{b \times V} \qquad （公式 2-1）$$

ρ_{N} 为水样中氨氮的质量浓度（以 N 计），mg/L；A_s 为水样的吸光度；A_b 为空白实验的吸光度；a 为校准曲线的截距；b 为校准曲线的斜率；V 为水样体积，mL。

【质量控制与质量保证】

1. 水样采集在聚乙烯瓶或玻璃瓶内，瓶子装满水样，防止样品吸收空气中的氨而被污染。水样采集后在 1 天内完成分析，否则加硫酸将水样酸化到 pH<2 在 2~5 ℃存放。

2. 分析所用的试剂均使用符合国家标准的分析纯化学试剂，实验用水为超纯水。

3. 所有玻璃仪器都用自来水冲洗 2~3 次，再用超纯水超声 2 次，最后用

超纯水润洗一次，自然风干后使用，玻璃仪器使用过程中避免空气中氨氮的污染。

4. 标准溶液配制的时候准备空白标准溶液，进行相同的显色和测定步骤。水样测定环节也设计空白水样，以超纯水代替水样进行相同的显色和测定步骤。紫外可见分光光度计测定吸光度值时，以超纯水作为参比。

5. 试剂空白的吸光度不超过 0.030（10 mm 比色皿）。

6. 纳氏试剂中碘化汞和碘化钾的比例对显色反应的灵敏度有较大影响，静止后生成的沉淀应除去，取用纳氏试剂时避免取到沉淀。

7. 水样或者标准样品在显色时加入 1.00 mL 的酒石酸钾钠溶液，消除钙、镁等金属离子干扰。

8. 移取氨氮标准溶液之前，吸量管要用标准溶液润洗 3 次。移取用的吸量管体积按照最接近移液体积确定，比如移取 4.00 mL 标准溶液使用 5.00 mL 吸量管。移取时液体凹液面最低处与刻度线相切，视线水平，吸量管垂直向下。

【思考题】

1. 水体氨氮的主要来源。

2. 如何通过水体 3 种形态氮的测定来研究水体的自净作用？

3. 测定氨氮的水样应该如何保存？

4. 水体氨氮的测定方法有哪些？相比其他方法，纳氏试剂比色法有哪些优缺点？

5. 水体氨氮测定主要干扰物质有哪些？如何消除？

【常见问题】

1. 纳氏试剂中二氯化汞（$HgCl_2$）和碘化汞（HgI_2）为剧毒物质，应避免皮肤和口腔接触。

2. 干扰及消除：脂肪胺、芳香胺、丙酮、醇类和有机氯胺类等有机化合物，以及铁、锰、镁、硫等无机离子，因产生异色或混浊而引起干扰，水中颜色和混浊亦影响比色。为此需经絮凝沉淀过滤蒸馏预处理。易挥发的还原性干扰物质，还可在酸性条件下加热以除去。在显色时加入适量的酒石酸钾钠溶液，可消除钙、镁等金属离子干扰。

3. 所用玻璃器皿应避免实验室空气中氨的污染。

4. 当水样体积为 50.0 mL，使用 20 mm 比色皿时，本方法最低检出浓度为 0.025 mg/L，测定下限为 0.10 mg/L，测定上限为 2.0 mg/L（以 N 计），适用地表水、地下水、工业废水和生活污水氨氮检测。

【小知识】

水体氨氮会对人体健康造成危害。水体氨氮可以在一定条件下转化成亚硝酸盐，如果长期饮用，水中的亚硝酸盐将和蛋白质结合形成亚硝胺，这是一种强致癌物质，对人体健康极为不利。

水体氨氮也会对生态环境造成危害。氨氮对水体生物起危害作用的主要是游离氨，其毒性比铵盐大几十倍，并随碱性的增强而增大。氨氮毒性与水体的 pH 及水温有密切关系，一般情况，pH 及水温愈高，毒性愈强，对鱼的危害类似于亚硝酸盐。氨氮对水体生物的危害有急性和慢性之分。慢性氨氮中毒危害为：摄食降低，生长减慢，组织损伤，降低氧在组织间的输送。鱼类对水体氨氮比较敏感，水体氨氮含量高会导致鱼类死亡。急性氨氮中毒危害

为：水生物表现亢奋、在水中丧失平衡、抽搐，严重者甚至死亡。《地表水环境质量标准》（GB 3838—2002）把氨氮作为基本项目进行监测并规定了标准限值如 2-1 所示。

表 2-1 《地表水环境质量标准》（GB 3838—2002）氨氮标准限值

水质类别	Ⅰ类	Ⅱ类	Ⅲ类	Ⅳ类	Ⅴ类
氨氮（NH₃-N）计（mg/L）≤	0.15	0.5	1.0	1.5	2.0

【参考文献】

［1］环境保护部.水质氨氮的测定 纳氏试剂分光光度法：HJ 535—2009[S].

［2］生态环境部.2019 年中国生态环境状况公报 [R], 2019.

［3］国家环境保护总局，国家质量监督检验检疫总局.地表水环境质量标准：GB 3838—2002[S].

［4］环境保护部.水质采样 样品的保存和管理技术规定：HJ 493—2009[S].

［5］国家环境保护总局《水和废水监测分析方法》编委会.水和废水监测分析方法.4 版 [M].北京：中国环境科学出版社，2002.

实验二　水体亚硝酸盐氮的测定

　　亚硝酸盐氮是氮循环的中间产物，不稳定。根据水环境条件，亚硝酸盐氮可被氧化成硝酸盐氮，也可被异化还原（Dissimilatory Nitrate Reduction to Ammonia，DNRA）成氨氮。亚硝酸盐氮污染是造成水体污染的重要因素，且对生态环境和人体健康具有潜在影响。测定水体中亚硝酸盐氮的含量对评估水体污染状况具有重要意义，本实验采用《水质亚硝酸盐氮的测定 N–(1–萘基)–乙二胺二盐酸盐分光光度法》（GB/T 7493—1987）进行测定。

【实验目的】

1. 了解水体亚硝酸盐氮的来源。
2. 掌握分光光度法的测定原理。
3. 掌握分光光度法测定水体亚硝酸盐氮的基本操作。

【实验原理】

　　在磷酸介质中，pH 为 1.8 ± 0.3 时，亚硝酸盐与 4- 氨基苯磺酰胺

(4-aminobenzenesulfonamide) 反应生成重氮盐，再与 N-(1- 萘基)- 乙二胺二盐酸盐 [N-(1-naphthyl-1,2-diaminoethane dihydrochlo-ride] 偶联生成红色染料，在 540 nm 波长处有最大吸收。如果使用光程长为 10 mm 的比色皿，亚硝酸盐氮的浓度在 0.20 mg/L 以内其呈色符合比尔定律。光程长为 10 mm 的比色皿，吸光度为 0.01 单位对应的浓度值为最低检出限浓度（ 0.003 mg/L ），而测定上限为 0.20 mg/L。本实验方法适用于饮用水、地表水、地下水、生活污水和工业废水中亚硝酸盐氮的测定。

氯胺、氯、硫代硫酸盐、聚磷酸钠和高铁离子对测定亚硝酸盐氮有明显干扰。水样呈碱性（ pH ≥ 11 ）时可加酚酞溶液作为指示剂，滴加磷酸溶液至红色消失。水样有颜色或悬浮物，可加氢氧化铝悬浮液并过滤。

【实验设备与材料】

一、实验仪器与设备

1. 紫外 - 可见分光光度计 1 台。

2. 万分之一天平 1 台。

3. pH 计 1 台。

4. 百分之一天平 1 台。

二、实验材料与试剂

1. 实验室用水为超纯水（ 反渗透膜过滤原理的超纯水机出水，pH=7, 电阻 =18.2 MΩ · cm，TOC 为 5~10 ppb ）。

2. 50.0 mL 具塞比色管 10 个、胶头滴管 2 个、洗耳球 1 个、药匙、标签纸、记号笔。

3. 实验室常用玻璃器皿：50.0 mL 量筒 1 个、100 mL 烧杯 2 个、500 mL 烧杯 2 个、250 mL 容量瓶 1 个、500 mL 容量瓶 1 个、1000 mL 容量瓶 1 个、玻璃棒 3 根、1.00 mL 吸量管 1 个、10.00 mL 吸量管 2 个、50.00 mL 吸量管 1 个、滴管 2~3 根、500 mL 棕色试剂瓶 2 个、1 L 棕色试剂瓶 1 个、带有磨口玻璃塞的玻璃瓶 / 聚乙烯瓶。

4. 10 mm 玻璃比色皿 2 个。

5. 磷酸：15 mol/L，ρ=1.70 g/mL，分析纯（AR）。

6. 硫酸：18 mol/L，ρ=l.84 g/mL，分析纯（AR）。

7. 1+9 磷酸溶液 (1.5 mol/L)：500 mL 烧杯中加入 90 mL 左右超纯水，50.0 mL 量筒移取 15 mol/L 磷酸 10.0 mL，用玻璃棒引流，将磷酸缓缓加入超纯水中，边加边搅拌，稀释得到 100 mL 1.5 mol/L 的磷酸溶液。

8. 显色剂：500 mL 烧杯内加入 250 mL 水和 50 mL 磷酸（浓度 15 mol/L，密度 1.70 g/mL），加入 20.0 g 4- 氨基苯磺酰胺 ($NH_2C_6H_4SO_2NH_2$)。再将 1.00 g N-(1- 萘基)- 乙二胺二盐酸盐 ($C_{10}H_7NHC_2H_4NH_2 \cdot 2HCl$) 溶于上述溶液中，转移至 500 mL 容量瓶，用水稀释至标线，摇匀。此溶液储存于棕色试剂瓶中，保存在 2~5℃，至少可稳定一个月。

注：本试剂有毒性，避免与皮肤接触或吸入体内。

9. 亚硝酸盐氮标准储备液，含氮浓度 ρ_N=250.0 mg/L：称取 1.232 g 亚硝酸钠 ($NaNO_2$，分析纯)，溶于 150 mL 水中，定量转移至 1000.00 mL 容量瓶中，用水稀释至标线，摇匀。每毫升储备液含 0.2500 mg 亚硝酸盐氮。此溶液储存在棕色试剂瓶中，保存在 2~5℃，至少稳定一个月。

10. 亚硝酸盐氮中间标准液，含氮浓度 ρ_N=50.00 mg/L：取亚硝酸盐氮标准储备液 50.00 mL 于 250.00 mL 容量瓶中，用水稀释至标线，摇匀。此溶液储于棕色试剂瓶内，保存在 2~5℃，可稳定一星期。

11. 亚硝酸盐氮标准工作液，含氮浓度 ρ_N=1.000 mg/L：取亚硝酸盐氮中间标准液 10.00 mL 于 500.00 mL 容量瓶内，用水稀释至标线，摇匀。此溶液使用时，当天配制。

【实验步骤】

一、校准曲线的制作

在一组 6 支 50.0 mL 比色管内，分别加入亚硝酸盐氮标准工作液 0 mL、1.00 mL、3.00 mL、5.00 mL、7.00 mL 和 10.00 mL，用水稀释至标线，加入显色剂 1.00 mL，密塞，摇匀，静置，此时 pH 应为 1.8±0.3。加入显色剂 20 min 后、2 h 以内，在 540 nm 的最大吸光度波长处，用光程长 10 mm 的比色皿，以超纯水做参比，测量溶液吸光度。以空白校正后的吸光度为纵坐标，以其对应的亚硝酸盐氮含量为横坐标，绘制校准曲线。

二、样品测定

1. 用玻璃瓶或聚乙烯瓶采集 500 mL 水样，采集后尽快分析，不要超过 24 h，水样短期保存在 4℃。取水样 50.0 mL 于 50.0 mL 比色管（如含量较高，则分取适量，用水稀释至标线），按与校准曲线相同的步骤测量吸光度。

2. 空白试验：用超纯水代替水样，按与样品相同的步骤进行前处理和测定。

三、结果计算

样品溶液吸光度的校正值 A_r 按下式计算：

$$A_r = A_s - A_b \qquad (\text{公式 2-2})$$

其中，A_s—样品溶液测得吸光度；A_b—空白试验测得吸光度；由校正吸光度 A_r 值，从校准曲线上查得（或由校准曲线方程计算）相应的亚硝酸盐氮的含量 $m_N(\mu g)$。

样品的亚硝酸盐氮浓度按下式计算：

$$\rho_N = m_N / V \qquad\qquad\text{(公式 2-3)}$$

其中，ρ_N—亚硝酸盐氮浓度，mg/L；m_N—相应于校正吸光度 A_r 的亚硝酸盐氮含量，μg；V—水样体积，mL。

样品体积为 50 mL 时，结果以三位小数表示。

【质量控制与质量保证】

1. 亚硝酸盐氮在水体中受微生物作用很不稳定，水样采集在聚乙烯瓶或玻璃瓶内，瓶子装满水样，防止样品吸收空气中的氧气，亚硝酸盐氮被氧化为硝酸盐氮。水样采集后在 1 天内完成分析，否则加硫酸将水样酸化到 pH<2 后在 2~5℃存放。

2. 亚硝酸盐氮测定在磷酸介质的环境下，保证 pH 为 1.8±0.3，用 pH 计确定。如果水样呈碱性（pH>11），加入 1 滴酚酞指示剂，滴加 1.5 mol/L 磷酸溶液至红色消失。

3. 分析所用的试剂均使用符合国家标准的分析纯化学试剂，实验用水为超纯水。

4. 所有玻璃仪器都用自来水冲洗 2~3 次，再用超纯水超声 2 次，最后用超纯水润洗一次，自然风干后使用。

5. 亚硝酸盐氮标准溶液不稳定，在使用前配制。

6. 标准溶液配制的时候准备空白标准溶液，进行相同的显色和测定步骤。水样测定环节也设计空白水样，以超纯水代替水样进行相同的显色和测定步骤。紫外–可见分光光度计测定吸光度值时，以超纯水作为参比。

7. 亚硝酸盐氮吸光度测定在加入显色剂 20 min 后、2 h 以内完成，因为显色的吸光值会随着时间变化。

8. 移取亚硝酸盐氮标准溶液之前，吸量管要用标准溶液润洗 3 次。移取

用的吸量管体积按照最接近移液体积确定，比如移取 4.00 mL 标准溶液使用 5.00 mL 吸量管。移取时液体凹液面最低处与刻度线相切，视线水平，吸量管垂直向下。

【思考题】

1. 水体中亚硝酸盐氮对人体健康有怎样的潜在影响？

2. 水体中亚硝酸盐氮的测定方法有哪些？比较各种方法的优缺点？

3. N-(1- 萘基)- 乙二胺二盐酸盐分光光度法测定水体中亚硝酸盐氮的原理？

4. 待测亚硝酸盐氮的水样如何保存？

5. 测定水体中亚硝酸盐氮的主要干扰物质有哪些？如何消除？

【常见问题】

1. 水体样品如有颜色和悬浮物，每 100 mL 水样可加入 2 mL 氢氧化铝悬浮液，搅拌，静置，过滤，弃去 25 mL 初滤液后，再取滤后水样测定。

2. 亚硝酸盐氮中间标准液和标准工作液的浓度值应采用储备液标定后的准确浓度的计算值。

3. 显色剂有毒性，避免与皮肤接触或吸入体内。

【小知识】

　　亚硝酸盐氮的测定也可以采用离子色谱法，利用离子交换的原理，连续对多种阴离子进行定性和定量分析。水样注入碳酸盐和碳酸氢盐溶液并流经离子交换树脂，基于待测阴离子对低容量强碱性阴离子树脂（分离柱）的相对亲和力不同而彼此分开。被分离的阴离子，在流经强酸性阳离子树脂（抑制柱）时，被转换为高电导的酸型，碳酸盐-碳酸氢盐转变成弱电导的碳酸（清除背景电导）。用电导检测器测量转变为相应酸型的阴离子，与标准进行比较，根据保留时间定性，峰高或峰面积定量。该方法可以连续测定饮用水、地表水、地下水、雨水中的亚硝酸盐氮含量。

　　亚硝酸盐中毒是指由于食用硝酸盐或亚硝酸盐含量较高的腌制肉制品、泡菜以及变质的蔬菜引起的中毒，饮用含有硝酸盐或亚硝酸盐苦井水、蒸锅水后也会引起亚硝酸盐中毒。亚硝酸盐能使血液正常携氧的低铁血红蛋白氧化成高铁血红蛋白，因而失去携氧能力引起组织缺氧。亚硝酸盐致癌机理是：胃酸环境下，亚硝酸盐与食物中的仲胺、叔胺和酰胺等反应生成强致癌物 N-亚硝胺。亚硝胺能透过胎盘进入胎儿体内，对胎儿有致畸作用。欧盟规定亚硝酸盐禁止用于婴儿食品。世界卫生组织国际癌症研究机构公布的致癌物清单初步把导致内源性亚硝化条件下摄入的硝酸盐或亚硝酸盐列在 2A 类致癌物清单中。

【参考文献】

　　[1]国家环境保护局.水质 亚硝酸盐氮的测定 分光光度法：GB/T 7493—1987[S].

［2］环境保护部 . 水质采样 样品的保存和管理技术规定 : HJ 493—2009[S].

［3］国家环境保护总局《水和废水监测分析方法》编委会 . 水和废水监测分析方法 .4 版 [M]. 北京 : 中国环境科学出版社 , 2002: 268-274.

实验三　水体总磷的测定

　　磷是水体富营养化的关键因素，磷含量过高会造成湖泊、河流透明度降低，水质变坏。磷含量是评价水质情况的重要指标。为了保护水质、控制水污染，总磷含量是我国《地表水环境质量标准》（GB 3838—2002）中的基本项目。总磷包括水溶性的和颗粒态的磷、有机磷和无机磷。总磷的测定需要先将水样中各形态的磷消解成可溶态的无机磷酸盐。消解方法有过硫酸钾消解、硝酸 – 高氯酸消解、硝酸 – 硫酸等氧化剂消解。本实验选用过硫酸钾消解，该消解方法简单安全，精密度和准确度高。常用的正磷酸盐测定方法有钒钼磷酸比色法、钼锑抗比色法和氯化亚锡法，本实验采用钼锑抗比色法测定消解后正磷酸盐含量。

【实验目的】

1. 了解水体中总磷的来源。

2. 熟悉水样预处理的方法。

3. 掌握钼酸铵分光光度法测定总磷的测定原理和基本操作。

【实验原理】

在中性条件下，用过硫酸钾消解水体样品，将所含磷全部氧化为正磷酸盐。在酸性介质中，正磷酸盐与钼酸铵反应，在锑盐存在下生成磷钼杂多酸后，立即被抗坏血酸还原，生成蓝色的配合物，在 880 nm 和 700 nm 波长下均有最大吸光度。本方法适用于地表水、污水和工业废水中总磷的测定，取 25.0 mL 水样，最低检出限为 0.01 mg/L，测定上限为 0.60 mg/L。

【实验设备与材料】

一、实验仪器与设备

1. 医用手提式蒸气消毒器或一般压力锅（1.1~1.4 kg/cm^2）1 台。

2. 紫外 - 可见分光光度计 1 台。

3. 磁力搅拌器（带磁子）1 台。

4. 万分之一天平 1 台。

5. 百分之一天平 1 台。

二、实验材料与试剂

1. 超纯水（反渗透膜过滤原理的超纯水机出水，pH=7，电阻 =18.2 M$\Omega \cdot$cm，TOC 为 5~10 ppb）。

2. 50.0 mL 具塞（磨口）比色管 10 个、胶头滴管 2 个、洗耳球 1 个、药匙、标签纸、记号笔。

3. 纱布和皮筋。

4. 10 mm 比色皿 2 个。

5. 实验室常用玻璃器皿：100 mL 棕色试剂瓶 2 个、500 mL 棕色试剂瓶 1 个、10.0 mL 量筒 1 个、100.0 mL 量筒 1 个、200 mL 烧杯 2 个、500 mL 烧杯 2 个、1 L 烧杯 1 个、滴管 2 根、玻璃棒 2 根、250.00 mL 容量瓶 1 个、1000.00 mL 容量瓶 1 个、1.00 mL 移液管 1 个、5.00 mL 吸量管 1 个、10.00 mL 吸量管 1 个、25.00 mL 吸量管 1 个、50.00 mL 吸量管 1 个。

6. 硫酸（H_2SO_4，分析纯 AR），密度 =1.84 g/mL：配制体积比 1：1 的硫酸，取 ρ=1.84 g/mL 硫酸 160.0 mL 与水 160.0 mL 等体积混合。

7. 过硫酸钾溶液，浓度 50.0 g/L：将 5.00 g 过硫酸钾（$K_2S_2O_8$，AR）溶于水并稀释至 100.0 mL 烧杯中。加入磁子，在磁力搅拌器上加热搅拌（温度控制为 50℃，转速为 500 r/min），促进过硫酸钾溶解。此溶液储于棕色试剂瓶中。

8. 抗坏血酸溶液，浓度 100.0 g/L：溶解 10.00 g 抗坏血酸（$C_6H_8O_6$，AR）于水中，并稀释至 100.0 mL。此溶液储于棕色试剂瓶中，在 4℃可稳定几周。如不变色，可长时间使用。

9. 钼酸盐溶液：溶解 13.00 g 钼酸铵 [$(NH_4)_6Mo_7O_{24}\cdot 4H_2O$，AR] 于 100.0 mL 水中。溶解 0.35 g 酒石酸锑钾 [$KSbC_4H_4O_7\cdot 1/2H_2O$，AR] 于 100.0 mL 水中，在不断搅拌下把钼酸铵溶液徐徐加到 300.0 mL（1+1）硫酸中，然后再加酒石酸锑钾溶液并且混合均匀。此溶液储于棕色试剂瓶中，在冷处可保存两个月。

10. 磷标准储备液：称 0.2197 g 磷酸二氢钾（KH_2PO_4，AR），用水溶解后转移至 1000.00 mL 容量瓶中。加入大约 800 mL 水，加 5.0 mL 硫酸（1+1）用水稀释至标线，摇匀。该溶液浓度为 50.00 μg/mL（以 P 计）。

11. 磷标准使用液：将 10.00 mL 的磷标准储备液移至 250.00 mL 容量瓶中，用水稀释至标线，混匀。该溶液浓度为 2.000 μg/mL（以 P 计）。

【实验步骤】

一、消解

取 25.0 mL 样品于 50.0 mL 具塞比色管中（取样时应将样品摇匀，使悬浮或有沉淀水样能得到均匀取样，如果样品含磷量高，可相应减少取样量并用水补充至 25.0 mL），加入 4.00 mL 过硫酸钾（如果样品是酸化储存的，应先中和至中性）。将比色管塞紧（比色管不要塞得太紧，否则不易打开盖子）后并用纱布和橡皮筋将玻璃塞扎紧（扎紧后稍微松动纱布和管塞），放在 1 L 大烧杯中并置于高压蒸气消毒器内，加热，待压力达到 1.1 kg/cm² 保持 30 min 后停止加热。待压力回至零且压力锅的温度降低到 80℃后，取出冷却后加水稀释到 50.0 mL 标线（消解步骤是反应的决速步，要在配标线之前进行，提高实验效率，消解冷却大概要 3 h）。

二、校准曲线的制备

取 7 支 50.0 mL 具塞刻度试管分别加入 0 mL、1.00 mL、2.00 mL、6.00 mL、10.00 mL、20.00 mL、30.00 mL 磷酸盐标准溶液，加水至 50.0 mL。加入 1.00 mL 抗坏血酸溶液摇匀。30 s 后再加 2.00 mL 钼酸盐溶液，充分混合均匀。15 min 后，加入到 10 mm 比色皿中，用分光光度计在 700 nm 波长下，以超纯水做参比，测定吸光度。扣除空白试验的吸光度后，以校正后的吸光度对应相应磷含量统计回归校准曲线。

三、实际水样测定

向各消解液分别加入 1.00 mL 抗坏血酸溶液摇匀。30 s 后再加 2 mL 钼酸盐溶液，充分混合均匀。15 min 后，加入到 10 mm 比色皿中，用分光光度计在 700 nm 波长下测定。

空白试液：用 25.0 mL 蒸馏水代替水体样品加入 50.0 mL 具塞比色管至刻线，和样品一样经过过硫酸钾高温消解后，稀释至 50.0 mL 标线。加入 1.00 mL 抗坏血酸溶液摇匀。30 s 后再加 2.00 mL 钼酸盐溶液，充分混合均匀。15 min 后，加入到 10 mm 比色皿中，用分光光度计在 700 nm 波长下测定。

按分光光度计操作步骤，波长调至 700 nm 以水做参比测定吸光度，扣除空白试验的吸光度后，从校准曲线中查得磷的含量。

四、结果计算

总磷含量以 P 计：

$$总磷酸盐 (P，mg/L) = m/V \qquad (公式 2-4)$$

其中，m 为试样测得含磷 (P) 量，μg，由校准曲线计算获得。V 为水样体积，mL。

【质量控制与质量保证】

1. 水样采集在玻璃瓶内，因为磷酸盐易吸附在塑料瓶上，瓶子装满水样。水样采集后在 1 天内完成分析，否则加硫酸将水样酸化到 pH ≤ 1，在 2~5℃ 存放。如果水样已经加酸保存，则需中和后加过硫酸钾消解。

2. 分析所用的试剂均使用符合国家标准的分析纯（AR）化学试剂，实验用水为超纯水。

3. 所有玻璃仪器都用自来水冲洗 2~3 次，再用超纯水超声 2 次，最后用超纯水润洗一次，自然风干后使用。

4. 过硫酸钾溶液配制时要控制加热温度低于 50℃，温度高于 60℃，会使过硫酸钾分解失效。

5. 抗坏血酸即用即配，确认抗坏血酸溶液没有变色失效。

6. 标准溶液配制的时候准备空白标准溶液，进行相同的显色和测定步骤。水样测定环节也设计空白水样，以超纯水代替水样进行相同的消解、显色和测定步骤。紫外 - 可见分光光度计测定吸光度值时，以超纯水作为参比。

7. 移取总磷标准溶液之前，吸量管要用标准溶液润洗 3 次。移取用的吸量管体积按照最接近移液体积确定，比如移取 4.00 mL 标准溶液使用 5.00 mL 吸量管。移取时液体凹液面最低处与刻度线相切，视线水平，吸量管垂直向下。

〖思考题〗

1. 水体中总磷的来源有哪些？总磷中包括哪些形态的磷？

2. 为什么把总磷列入水体必须监测指标？

3. 水体中总磷的测定方法有哪些？比较各种方法的优缺点？

4. 过硫酸钾消解的作用及原理？

5. 测定水样中总磷时主要干扰物质有哪些？如何消除？

〖常见问题〗

1. 含 Cl 化合物高的样品在消解过程中会产生 Cl_2，从而对测定产生负干扰，含有大量不含磷的有机物会影响有机磷的消解。此类样品应选用其他消解方法，例如，用 HNO_3–$HClO_4$ 方法消解。

2. 如果水样已经加酸保存，则需中和后加过硫酸钾消解。

3. 过硫酸钾溶解比较困难，可于50℃左右的磁力搅拌器上加热溶解，温度不能过高，否则温度到达60℃，过硫酸钾即分解失效。

4. 含磷量较少的水样，不要用塑料瓶采样，磷酸盐易吸附在塑料瓶上。采集水样加入硫酸调节样品的pH ≤ 1，或放于4℃储存。

【小知识】

水中磷以元素磷、正磷酸盐、缩合磷酸盐、焦磷酸盐、偏磷酸盐、与有机官能团结合的磷酸盐等形式存在。主要来源于生活污水、化肥、有机磷农药及洗涤剂所用的磷酸盐增洁剂等。水体中的磷是藻类生长需要的一种关键元素，但是过量的磷造成水体污秽异臭，是湖泊发生富营养化和海湾出现赤潮的主要原因。我国《地表水环境质量标准》（GB 3838—2002）规定总磷容许值如表2-2所示。

表2-2 《地表水环境质量标准》（GB 3838—2002）总磷规定限值

水质类别	Ⅰ类	Ⅱ类	Ⅲ类	Ⅳ类	Ⅴ类
总磷（以P）计（mg/L）≤	0.02	0.1	0.2	0.3	0.4
	0.01（湖、库）	0.025（湖、库）	0.050（湖、库）	0.1（湖、库）	0.2（湖、库）

磷被认为是湖泊富营养化的首要限制因素，氮虽然也是控制湖泊富营养化的重要元素，但是由于许多藻类能通过生物固氮作用从大气中获得所需要的元素，当磷供应充足时，藻类就能大量繁殖，很可能产生富营养化。当水体磷浓度在0.02 mg/L以上时，就会对水体的富营养化起到明显的促进作用。控制湖泊水体磷含量，往往比控制氮含量更有实际意义。

正磷酸盐常用的测定方法有三种：① 钒钼磷酸比色法，该法灵敏度较低，

但干扰物质少。② 钼锑抗比色法，灵敏度高，颜色稳定，重复性好。③ 氯化亚锡法，该方法虽然灵敏但是稳定性差，容易受氯离子和硫酸盐等干扰。

另外，磷是饲料中的一种营养素，是饲料的构成成分，是动物必需的常量矿物元素。总磷是反映饲料中磷含量水平的指标，对单胃动物来说，总磷中含有的植酸磷是不能利用的。饲料中可以被动物利用的是有效磷。对反刍动物来说，消化道存在分解植酸磷的植酸酶，可根据原料中总磷的含量和动物营养需要量来设计配方。

磷通常以正磷酸盐（磷酸氢根或磷酸二氢根）形式被植物吸收。当磷进入植物体后，大部分成为有机物，有一部分仍然保持无机盐的形式。磷以磷酸根形式存在于糖磷酸、核酸、核苷酸、辅酶、磷脂、植酸等中。磷在 ATP 反应、糖类代谢、蛋白质代谢和脂肪代谢中起重要作用。施磷肥能促进各种代谢正常进行，植物生长发育良好，提高植物的抗寒性和抗旱性。磷与糖类、蛋白质和脂肪的代谢有关，栽培粮食作物、豆类作物和油类作物都需要磷肥。

【参考文献】

［1］国家技术监督局. 水质 总磷的测定 钼酸铵分光光度法：GB/T 11893—1989[S].

［2］张丽娃. 总磷消解方法的比较 [J]. 化学工程与装备，2011, (12): 208-210.

［3］国家环境保护总局，国家质量监督检验检疫总局. 地表水环境质量标准：GB 3838—2002[S].

［4］环境保护部. 水质采样 样品的保存和管理技术规定：HJ 493—2009[S].

［5］国家环境保护总局《水和废水监测分析方法》编委会，水和废水监测分析方法.4 版 [M]. 北京：中国环境科学出版社，2002: 243-248.

实验四　水体总有机碳的测定

　　总有机碳（TOC）是指溶解或悬浮在水中的有机物的含碳量，是以碳含量表示水体中有机物质总量的综合指标。按照工作原理的不同，TOC测定方法主要分为：湿式氧化（过硫酸盐）法、高温催化燃烧氧化法、紫外氧化法和紫外－过硫酸盐氧化法等。这些方法各有特点，适合于不同类型、不同污染程度的水体。由于TOC的测定采用燃烧法，能将有机物全部氧化，因此它比BOD_5或COD更能反映有机物的总量，经常被用来评价水体中有机物污染的程度。目前，TOC测定已经广泛应用于江河、湖泊以及海洋监测等方面，对于地表水、饮用水和工业用水等方面的质量控制，TOC同样是重要的测量参数。

【实验目的】

1. 掌握水体总有机碳的测定原理和方法。
2. 了解总有机碳分析仪的工作原理和使用方法。

【实验原理】

　　按照测定方式不同，燃烧氧化 - 非分散红外吸收法可分为差减法和直接法。

一、差减法测定总有机碳

将试样连同净化气体分别导入高温燃烧管和低温反应管中，经高温燃烧管的试样被高温催化氧化，其中的总碳（包括有机碳和无机碳）转化为二氧化碳；经低温反应管的试样被酸化后，其中的无机碳分解为二氧化碳。两种反应管中生成的二氧化碳分别被导入非分散红外检测器检测。两者差减得到总有机碳，即 TOC=TC−IC。测定原理如图 2-1 所示。

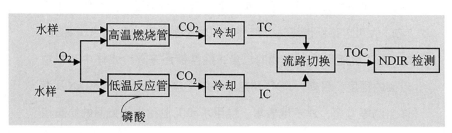

图 2-1　差减法测定原理示意

二、直接法测定总有机碳

试样经酸化曝气，其中的无机碳转化为二氧化碳被除去，再将试样注入高温燃烧管中测定总有机碳。由于酸化曝气会损失可吹扫有机碳（POC），故测得总有机碳值为不可吹扫有机碳（NPOC）。测量原理如图 2-2 所示。

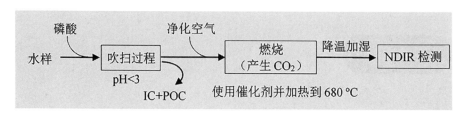

　图 2-2　NPOC 法测量原理示意

当水中苯、甲苯、环己烷和三氯甲烷等挥发性有机物含量较高时，宜采用差减法测定；当水中挥发性有机物含量较少而无机碳含量相对较高时，宜采用直接法测定。

本方法适用于地表水、地下水、生活污水和工业废水中总有机碳的测定，检出限为 0.1 mg/L。

【实验设备与材料】

一、实验仪器与设备

1.非分散红外吸收总有机碳分析仪。工作原理如图 2-3 所示。总有机碳分析仪是将水溶液中的总有机碳氧化为二氧化碳，消除干扰因素后由非分散红外检测器（NDIR）测定二氧化碳浓度，再由数据处理把二氧化碳气体含量转换成水中有机物的浓度。NDIR 检测器的工作原理是基于 CO_2 气体分子的近红外光谱选择吸收特性，利用 CO_2 浓度与吸收强度之间的关系（朗伯 - 比尔定律）确定其浓度。

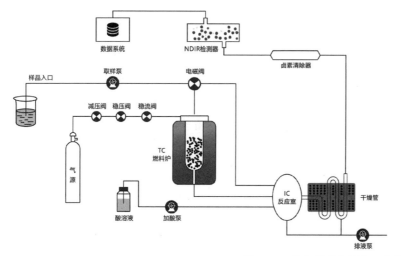

图 2-3　总有机碳分析仪工作原理

2. 万分之一天平。

3. 其他实验室常用仪器。

二、实验材料与试剂

1. 无二氧化碳水：将重蒸馏水在烧杯中煮沸蒸发（蒸发量 10%），冷却后备用。也可使用纯水机制备的纯水或超纯水。无二氧化碳水应临用现制，并经检验 TOC 质量浓度不超过 0.5 mg/L。

2. 硫酸：$\rho(H_2SO_4)$=1.84 g/mL。

3. 邻苯二甲酸氢钾（$KHC_8H_4O_4$）：优级纯。

4. 无水碳酸钠（Na_2CO_3）：优级纯。

5. 碳酸氢钠（$NaHCO_3$）：优级纯。

6. 氢氧化钠溶液：$\rho(NaOH)$=10 g/L。

7. 有机碳标准储备液：$\rho($有机碳，C$)$=400 mg/L，准确称取 0.8502 g 邻苯二甲酸氢钾（预先在 110~120 ℃下干燥至恒重），置于烧杯中，加水溶解后转移至 1000 mL 容量瓶中，用无二氧化碳水稀释至标线，混匀。在 0~4 ℃条件下可保存两个月。

8. 无机碳标准储备液：$\rho($无机碳，C$)$=400 mg/L，准确称取 1.7634 g 无水碳酸钠（预先在 105 ℃下干燥至恒重）和 1.4000 g 碳酸氢钠（预先在干燥器内干燥），置于烧杯中，加水溶解后转移至 1000 mL 容量瓶中，用无二氧化碳水稀释至标线，混匀。在 0~4 ℃条件下可保存两个月。

9. 差减法标准使用液：$\rho($总碳，C$)$=200 mg/L，$\rho($无机碳，C$)$=100 mg/L。用单标线吸量管分别吸取 50.00 mL 有机碳标准储备液和无机碳标准储备液于 200 mL 容量瓶中，用无二氧化碳水稀释至标线，混匀。在 0~4 ℃条件下储存，可稳定保存一周。

10. 直接法标准使用液：$\rho($有机碳，C$)$=100 mg/L。用单标线吸量管吸取 50.00 mL 有机碳标准储备液于 200 mL 容量瓶中，用超纯水稀释至标线，混匀。在 0~4 ℃条件下储存，可稳定保存一周。

11. 载气：氮气或氧气，纯度大于 99.99%。

一、水样采集与保存

水样采集后装到棕色玻璃瓶中，不留顶空。不同水体类型（污水、地表水、湖泊水、地下水等）的采样方法参照《水和废水监测分析方法（第四版）》。

水样采集后应在 24 h 内测定，否则应加入硫酸将水样酸化至 pH ≤ 2，在 0~4 ℃ 条件下可保存 7 d。

二、分析测试

1. 按照 TOC 分析仪说明书设定测定条件参数，开机，调试仪器。

2. 标准曲线的绘制

（1）差减法标准曲线：在一组 7 个 100 mL 的容量瓶中，分别加入 0 mL、2.00 mL、5.00 mL、10.00 mL、20.00 mL、40.00 mL、100.00 mL 差减法标准使用液，用无二氧化碳水定容后，配制成 TC 浓度分别为 0.0 mg/L、4.0 mg/L、10.0 mg/L、20.0 mg/L、40.0 mg/L、80.0 mg/L、200.0 mg/L 和 IC 浓度分别为 0 mg/L、2.0 mg/L、5.0 mg/L、10.0 mg/L、20.0 mg/L、40.0 mg/L、100.0 mg/L 的标准系列溶液，测定其响应值。以标准系列溶液质量浓度对应仪器响应值，分别绘制总碳和无机碳标准曲线。

（2）直接法标准曲线：在一组 7 个 100 mL 的容量瓶中，分别加入 0 mL、

2.00 mL、5.00 mL、10.00 mL、20.00 mL、40.00 mL、100.00 mL 直接法标准使用液，定容后，得到 0 mg/L、2.0 mg/L、5.0 mg/L、10.0 mg/L、20.0 mg/L、40.0 mg/L、100.0 mg/L 的标准系列溶液，测定其响应值。以标准系列溶液质量浓度对应仪器响应值，绘制有机碳标准曲线。

上述标准曲线浓度范围可根据仪器和测定样品种类的不同进行调整。

3. 样品测定

（1）差减法：经酸化的试样，在测定前应以氢氧化钠溶液中和至中性，过 0.45 μm 膜后取一定体积注入 TOC 分析仪进行测定，记录相应的响应值。

（2）直接法：取一定体积酸化至 pH ≤ 2 的水样注入 TOC 分析仪，经曝气除去无机碳后导入高温氧化炉，记录相应响应值。

（3）空白实验：用无二氧化碳水代替试样，按照上述步骤测定空白样品值。每次测定前应先检测无二氧化碳水的 TOC 含量，测定值应不超过 0.5 mg/L。

三、数据处理与分析

1. 差减法

根据所测试样响应值，由标准曲线计算出总碳和无机碳浓度。试样中总有机碳质量浓度为

$$\rho(TOC) = \rho(TC) - \rho(IC) \qquad （公式 2-5）$$

式中，$\rho(TOC)$ 为试样总有机碳质量浓度，mg/L；$\rho(TC)$ 为试样总碳质量浓度，mg/L；$\rho(IC)$ 为试样无机碳质量浓度，mg/L。

2. 直接法

根据所测试样响应值，由校准曲线计算出总有机碳的质量浓度 $\rho(TOC)$。

当测定结果小于 100 mg/L 时，保留到小数点后一位；大于等于 100 mg/L 时，保留三位有效数字。

【质量控制与质量保证】

1. 每次测定前应检测无二氧化碳水的 TOC 含量，测定值不超过 0.5 mg/L。

2. 每次测定应带一个曲线中间点进行校核，其相对误差应不超过 10%。

【思考题】

1. 为什么测定 TOC 所用试剂必须用无二氧化碳水进行配制？

2. 差减法和直接法测定 TOC 各自的适用条件？

3. TC、IC、TOC、DOC、NPOC 之间的关系？

【常见问题】

1. 当样品具有强酸、强碱或者高浓度盐时，不可以进行测定。

2. 样品有混浊时，必须进行沉淀过滤。

3. 干扰及消除：水中常见共存离子超过下列浓度时，对测定有干扰，应进行适当的预处理，以消除对测定的干扰：SO_4^{2-} 400 mg/L、Cl^- 400 mg/L、NO_3^- 100 mg/L、PO_4^{3-} 100 mg/L、S^{2-} 100 mg/L。可用无二氧化碳水稀释水样，至上述共存离子浓度低于其干扰允许质量浓度后，再进行测定。

【小知识】

一、水体中碳的分类

水体中的碳可以按照图 2-4 来进行分类。

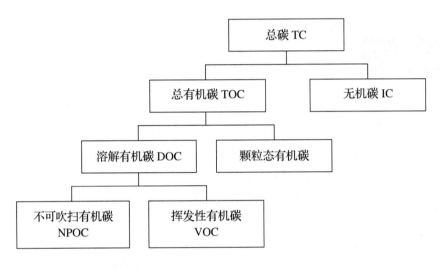

图 2-4　水体中碳的分类

对于大部分内陆河流、湖泊以及废水，颗粒态有机碳含量很少，因此 TOC≈DOC；但是对于含沙量较大的河流以及海水，颗粒态有机碳所占的比例是比较可观的，此时 TOC > DOC。此外，由于天然水中几乎不存在挥发性有机碳，DOC≈NPOC，故而差减法和直接法测得的 TOC 值均是有效的。

二、常见的 TOC 测定方法

按照工作原理不同，TOC 测定方法主要分为：湿式氧化（过硫酸盐）法、催化燃烧氧化法、紫外氧化法和紫外 - 过硫酸盐氧化法等。

湿式氧化法以过硫酸钾（$K_2S_2O_8$）为氧化剂，在高温高压条件下氧化有机物质生成CO_2，之后通过 NDIR 检测器对CO_2进行测量，得到 TOC 的浓度；湿式氧化对于复杂的水体（例如腐殖酸、高分子量化合物等）氧化不充分，不适用 TOC 含量高的水体。催化燃烧氧化法是在高温下，以铂和三氧化钴或三氧化二铬为催化剂，使有机物燃烧裂解转化为CO_2，然后通过 NDIR 检测器测定CO_2含量；催化燃烧氧化法因为高温作用燃烧相对彻底，可以适用于污染较重的江河、海水以及工业废水等水体。紫外氧化法是采用紫外光（185 nm）进行照射的原理，在样品进入紫外反应器之前去除无机碳，得到更精确的结果。紫外 - 过硫酸盐氧化法是针对紫外氧化无法用于高含量 TOC 水体，将紫外氧化（185 nm）与过硫酸盐氧化协同生成CO_2，以提升有机物的氧化效果。

【参考文献】

［1］环境保护部 . 水质 总有机碳的测定 燃烧氧化 - 非分散红外吸收法 : HJ 501—2009[S].

［2］环境保护部 . 地表水和污水监测技术规范 : HJ/T 91—2002[S].

［3］国家环境保护总局《水和废水监测分析方法》编委会，水和废水监测分析方法 . 4 版 [M]. 北京 : 中国环境科学出版社，2002.

［4］国家环境保护总局，国家质量监督检验检疫总局 . 地表水环境质量标准 : GB 3838—2002[S].

实验五　水体化学需氧量的测定（重铬酸钾法）

化学需氧量（COD）是指一定条件下，氧化一定体积水样中还原性物质所消耗的氧化剂的量，单位以氧的质量浓度（mg/L）表示。COD 反映了水体受还原性物质污染的程度。水中还原性物质包括有机物、亚硝酸盐、亚铁盐、硫化物等。基于水体受有机物污染是很普遍的现象，COD 也可作为有机污染物相对含量的综合指标之一，但是只能反映可被氧化剂氧化的有机污染物。根据所用氧化剂的不同，分为高锰酸钾法和重铬酸钾法，分别用 I_{Mn} 和 COD_{Cr} 表示。。与高锰酸钾法相比，重铬酸钾法对有机物的氧化比较完全，适用于各种水样。COD 越高，污染越严重。我国《地表水环境质量标准》规定，生活饮用水源 COD 浓度应小于 15 mg/L，一般景观用水 COD 浓度应小于 40 mg/L。因此，测定水体 COD 含量，对于初步判断水体有机污染情况，具有重要的理论和实际意义。

【实验目的】

1. 掌握重铬酸钾法测定水体化学需氧量的原理和方法。
2. 了解测定水体中有机污染物的意义。

【实验原理】

在水样中加入已知量的重铬酸钾溶液，并在强酸介质下以银盐作催化剂氧化水样中的还原性物质，经沸腾回流后，以试亚铁灵为指示剂，用硫酸亚铁铵标准溶液滴定水样中未被还原的重铬酸钾。具体反应式如下：

$$2K_2Cr_2O_7+3C（有机物）+8H_2SO_4 \longrightarrow 2K_2SO_4+2Cr_2(SO_4)_3+3CO_2 \uparrow +8H_2O$$

$$K_2Cr_2O_7+6FeSO_4+7H_2SO_4 \longrightarrow K_2SO_4+Cr_2(SO_4)_3+3Fe_2(SO_4)_3+7H_2O$$

根据所消耗的重铬酸钾计算水样的化学需氧量（COD_{Cr}），单位以氧的质量浓度（mg/L）表示。

当取样体积为 10 mL 时，最低检出质量浓度为 4 mg/L，测定上限为 700 mg/L。在 COD_{Cr} 的测定中，氧化剂的质量浓度、反应酸度、试剂的加入顺序、反应时间和温度等条件对测定结果均有影响，必须严格按操作步骤进行。

【实验设备与材料】

一、实验仪器与设备

1. 回流装置：24 mm 或 29 mm 标准磨口 250 mL 全玻璃回流装置。球形冷凝管长度为 30 cm。见图 2-5。

图 2-5　重铬酸钾法测定 COD 的回流装置

来源：北京连华永兴科技发展有限公司．一种用于 COD 测定的消解回流装置及其控制方法 [P]．中国，CN106404517A，2017-02-15．

2. 加热装置：功率大于 1.4 W/ cm 的电热板或电炉，以保证回流液充分沸腾。

3. 酸式滴定管：25 mL 或 50 mL。

二、实验材料与试剂

1. 重铬酸钾标准溶液：c（$1/6K_2Cr_2O_7$）=0.250 mol/L。称取 12.258 g 基准或优级纯的重铬酸钾（预先在 105~110 ℃烘箱中干燥 2 h，并储存于干燥器中冷却至室温）溶于水，移入 1000 mL 容量瓶，用水稀释至标线，摇匀。

2. 试亚铁灵指示剂：称取 1.5 g 邻菲罗啉（$C_{12}H_3N_2 \cdot H_2O$）、0.7 g 硫酸亚铁（$FeSO_4 \cdot 7H_2O$）溶于水中，稀释至 100 mL，储存于棕色试剂瓶中。

3. 0.05 mol/L 硫酸亚铁铵标准溶液：c［$Fe(NH_4)_2(SO_4)_2 \cdot 6H_2O$］≈ 0.05 mol/L。称取 19.5 g 硫酸亚铁铵［$Fe(NH_4)_2(SO_4)_2 \cdot 6H_2O$，分析纯］溶于水，边搅拌边缓慢加入 10 mL 浓硫酸，冷却后稀释至 1000 mL 容量瓶中，摇匀。临用前用重铬酸钾标准溶液标定。

标定方法：准确吸取 5.00 mL 重铬酸钾标准溶液于锥形瓶中，用水稀释至 50 mL，缓慢加入 15 mL 浓硫酸，混匀。冷却后加入 3 滴（约 0.15 mL）试亚铁灵指示剂，用硫酸亚铁铵标准溶液滴定，溶液颜色由黄色经蓝绿色变至红褐色即为终点。记录硫酸亚铁铵标准溶液的消耗体积。硫酸亚铁铵的浓度 c(mol/L) 可由下式计算：

$$c = \frac{1.25}{V} \qquad （公式 2-6）$$

式中，V 为消耗的硫酸亚铁铵标准溶液的体积，mL。

4. 硫酸银 - 硫酸溶液：在 1000 mL 浓硫酸（ρ=1.84 g/mL）中加入 10.00 g 硫酸银（Ag_2SO_4），放置 1~2 d，不时摇动使其溶解（每 100 mL 硫酸含 1 g 硫酸银）。

5. 硫酸汞溶液：ρ（$HgSO_4$）=100 g/L。称取 10 g 硫酸汞溶于 100 mL 的 10% 硫酸溶液（V/V）中，混匀。

【实验步骤】

一、水样的采集与保存

水样采集应不少于 500 mL。不同水体类型（污水、地表水、湖泊水、地下水等）的采样方法参照《水和废水监测分析方法（第四版）》。

采集的样品保存在洁净的玻璃瓶中。采集好的水样应在 24 h 内测定，否则应加入硫酸将水样酸化至 pH ≤ 2，在 0~4℃ 下可保存 5 d。

二、水样 COD_{Cr} 的测定

取 10.00 mL 混合均匀的水样（或适量水样稀释至 10.00 mL）于磨口锥形瓶中，依次加入硫酸汞溶液、5.00 mL 重铬酸钾标准溶液和几颗防爆沸玻璃珠，摇匀。硫酸汞溶液按质量比 $m[HgSO_4]:m[Cl^-] \geq 20:1$ 的比例加入，最大加入量为 2 mL。

将磨口锥形瓶连接到回流装置冷凝管下端，通冷凝水。从冷凝管上端缓慢加入 15 mL 硫酸银 - 硫酸溶液，不断旋动锥形瓶使之混合均匀。自溶液开始沸腾起保持微沸回流 2 h。回流冷却后，自冷凝管上端加入 45 mL 水冲洗冷凝管，使溶液体积在 70 mL 左右，取下磨口锥形瓶。

溶液冷却至室温后，加 3 滴（约 0.15 mL）试亚铁灵指示剂，用硫酸亚铁铵标准溶液滴定，溶液的颜色由黄色经蓝绿色至红褐色即为滴定终点。记录消耗的硫酸亚铁铵标准溶液的体积 V_1。

空白测定：以 10.00 mL 蒸馏水作空白，按照同样操作步骤做空白实验。记录消耗的硫酸亚铁铵溶液的体积 V_0。

三、数据处理与分析

根据测定空白溶液和样品溶液消耗的硫酸亚铁铵标准溶液体积及水样体积，按下式计算水样 COD_{Cr}。当水样 COD_{Cr} 测定结果小于 100 mg/L 时，精确至整数位；当水样 COD_{Cr} 测定结果大于 100 mg/L 时，保留三位有效数字。

$$COD_{Cr}(O_2, mg/L) = \frac{(V_0 - V_1) \times c \times 8 \times 1000}{V_2} \qquad （公式 2-7）$$

式中，c 为硫酸亚铁铵标准溶液的浓度，mol/L；V_0 为滴定空白时消耗的硫酸亚铁铵标准溶液的体积，mL；V_1 为滴定水样时消耗的硫酸亚铁铵标准溶液的体积，mL；V_2 为水样体积，mL。

【质量控制与质量保证】

1. 每批样品至少做 2 个空白试验。

2. 每批样品应做 10% 的平行样。若样品数少于 10 个，应至少做一个平行样。平行样的相对偏差不超过 ±10%。

3. 每批样品测定时，应分析一个有证标准样品或质控样品，其测定值应在保证值范围内或达到规定的质量控制要求，确保样品测定结果的准确性。

【思考题】

1. 构成水体 COD 的物质有哪些？测定 COD 的意义何在？

2. I_{Mn} 和 COD_{Cr} 分别适用于什么水样？

3. 水样 Cl⁻ 含量高时，为什么对测定有干扰？如何消除？

【常见问题】

1. 注意安全，避免浓硫酸喷溅。

2. 硫酸汞用于配位氯离子以去除干扰。若氯离子质量浓度较低，亦可少加硫酸汞，保持硫酸汞∶氯离子＝10∶1（质量分数）。若出现少量氯化汞沉淀，并不影响测定。

3. 水样取用体积可在 10.00~50.00 mL，但试剂用量及浓度需要按表 2-3 进行相应调整，也可得到满意的结果。

表 2-3 COD_{Cr} 水样体积与试剂加入量对照表

水样体积 /mL	0.25 mol/L $K_2Cr_2O_7$ 溶液 /mL	H_2SO_4–Ag_2SO_4 溶液 /mL	$Fe(NH_4)_2(SO_4)_2$ /(mol·L^{-1})	滴定前总体积 /mL
10.0	5.0	15	0.050	70
20.0	10.0	30	0.100	140
30.0	15.0	45	0.150	210
40.0	20.0	60	0.200	280
50.0	25.0	75	0.250	350

4. 对于 COD_{Cr} 小于 50 mg/L 的水样，应改用 0.025 mol/L 的重铬酸钾标准溶液。回滴时用 0.0100 mol/L 的硫酸亚铁铵标准溶液。

5. 水样加热回流后，溶液中重铬酸钾剩余量应是加入量的 1/5~4/5 为宜。

6. 每次实验时，应对硫酸亚铁铵标准滴定溶液进行标定，室温较高时尤其应注意其浓度的变化。

7. 回流冷凝管不能用软质乳胶管，否则容易老化、变形，使得冷却水不通畅。

8.干扰及消除：酸性重铬酸钾氧化性很强，可氧化大部分有机物，加入硫酸银作催化剂时，直链脂肪族化合物可被完全氧化，而芳香族有机物却不易被氧化，吡啶不被氧化，挥发性直链脂肪族化合物、苯等有机物存在于蒸气相，不能与氧化剂液体接触，氧化不明显。氯离子能被重铬酸盐氧化，并且能够与硫酸银作用产生沉淀，影响测定结果，故在回流前向水样中加入硫酸汞，使成为配合物以消除干扰。氯离子含量高于 1000 mg/L 的样品应先作定量稀释，使含量降低至 1000 mg/L 以下，再进行测定。

【小知识】

COD 高意味着水中含有大量还原性物质，其中主要是有机污染物。COD越高，就表示水体的有机物污染越严重，这些有机物污染的来源可能是农药、化工厂、有机肥料等。如果不进行处理直接排放，将对水生生态环境造成持久的毒害作用。人如果食用了被污染的食物，大量毒素积累在体内，有致癌、致畸形、致突变的作用，风险极大。此外，若以受污染的水体进行灌溉，则植物、农作物容易生长不良，且人也不能取食这些作物。但 COD 高不一定就意味着有前述危害，具体判断要做详细分析，如分析有机物的种类，进行生态风险评价等。也可间隔几天对水样再做 COD 测定，如果对比前值下降很多，说明水中含有的还原性物质主要是易降解的有机物，对人体和生物危害相对较轻。

《地表水环境质量标准》（GB 3838—2002）把 COD 作为基本项目进行监测并规定了标准限值，如表 2-4 所示。

表 2-4 《地表水环境质量标准》（GB 3838—2002）COD 标准限值（单位：mg/L）

水质类别	Ⅰ类	Ⅱ类	Ⅲ类	Ⅳ类	Ⅴ类
COD ≤	15	15	20	30	40

【参考文献】

［1］环境保护部 . 水质 化学需氧量的测定 重铬酸盐法：HJ 828—2017[S].

［2］国家环境保护总局《水和废水监测分析方法》编委会 . 水和废水监测分析方法 .4 版 [M]. 北京：中国环境科学出版社 , 2002.

［3］环境保护部 . 地表水和污水监测技术规范：HJ/T 91—2002[S].

［4］环境保护部 . 水质采样 样品的保存和管理技术规定：HJ 493—2009[S].

［5］国家环境保护总局，国家质量监督检验检疫总局 . 地表水环境质量标准：GB 3838—2002[S].

［6］北京连华永兴科技发展有限公司 . 一种用于 COD 测定的消解回流装置及其控制方法 [P]. 中国，CN106404517A，2017-02-15.

高锰酸盐指数，亦被称为化学需氧量的高锰酸钾法即 I_{Mn}，是指在酸性或碱性条件下，以高锰酸钾为氧化剂，处理水样时所消耗的氧化剂的量，单位以氧的质量浓度（mg/L）表示。水中亚硝酸盐、亚铁盐、硫化物等还原性物质和在此条件下可被氧化的有机物均可消耗高锰酸钾。因此，高锰酸盐指数常被作为地表水受有机物污染和还原性无机物质污染的综合指标。高锰酸盐指数操作简便，所需时间短，常用于污染程度较轻的水样，如河水、地下水等。由于在规定条件下水中的有机物只能被部分氧化，并不是理论上的需氧量，所以不能反映水体中有机物质的总量。

【实验目的】

1. 了解测定高锰酸盐指数的意义。
2. 掌握高锰酸盐指数的测定原理和方法。

【实验原理】

向水样中加入已知量的高锰酸钾和硫酸溶液，在沸水浴中加热 30 min，使其中的某些有机物和还原性无机物质被氧化，剩余的高锰酸钾用过量的草酸钠还原，再以高锰酸钾溶液回滴过量的草酸钠，通过计算得到样品的高锰酸盐指数。反应方程式如下：

$$4MnO_4^- + 5C（有机物）+ 12H^+ \longrightarrow 4Mn^{2+} + 5CO_2 \uparrow + 6H_2O$$

$$2MnO_4^- + 5C_2O_4^{2-} + 16H^+ \longrightarrow 2Mn^{2+} + 10CO_2 \uparrow + 8H_2O$$

高锰酸钾法适用于饮用水、水源水和地面水的测定，测定范围为 0.5~4.5 mg/L，不适用于测定工业废水中有机污染的负荷量。样品中无机还原性物质如 NO_2^-、S^{2-} 和 Fe^{2+} 等可被测定。氯离子浓度高于 300 mg/L，宜采用在碱性介质中氧化的测定方法。

【实验设备与材料】

一、实验仪器与设备

1. 沸水浴装置。

2. 锥形瓶：250 mL。

3. 酸式滴定管：25 mL。

4. 刻度吸管：10 mL。

二、实验材料与试剂

1.（1+3）硫酸溶液：在不断搅拌下，将 100 mL 浓硫酸（ρ=1.84 g/mL）加入到 300 mL 水中。配制时趁热加入数滴高锰酸钾溶液直至呈微红色。

2. 高锰酸钾标准储备液：c (1/5KMnO$_4$) $\approx$ 0.1 mol/L。称取 3.2 g 高锰酸钾溶于水并稀释至 1000 mL 水中，于 90~95 ℃水浴加热 2 h，冷却。存放 2 d 后倾出上清液，储存于棕色试剂瓶中。

3. 高锰酸钾标准溶液：c (1/5KMnO$_4$) ≈ 0.01 mol/L。吸取 100.00 mL 上述高锰酸钾标准储备液移入 1000 mL 容量瓶中，用水稀释至标线。使用当天标定其浓度。

4. 草酸钠标准储备液：c (1/2Na$_2$C$_2$O$_4$)=0.1000 mol/L。称取 0.6705 g 经 120 ℃烘干 2 h 的草酸钠（Na$_2$C$_2$O$_4$，优级纯）固体溶于水，移入 100 mL 容量瓶中，用水稀释至标线。

5. 草酸钠标准溶液：c(1/2Na$_2$C$_2$O$_4$)=0.0100 mol/L。吸取 10.0 mL 上述草酸钠标准储备液移入 100 mL 容量瓶中，用水稀释至标线。

【实验步骤】

一、水样的采集与保存

水样采集应不少于 500 mL，保存在洁净的玻璃瓶中。不同水体类型（污水、地表水、湖泊水、地下水等）的采样方法参照《水和废水监测分析方法（第四版）》。

采集好的水样应在 24 h 内测定，否则应加入硫酸将水样酸化至 pH ≤ 2，在 0~4 ℃下可保存 2 d。

二、水样高锰酸盐指数的测定

1. 样品的测定：量取 100.00 mL 经充分摇动、混合均匀的样品，置于 250 mL 锥形瓶中，加入 5 ± 0.5 mL（1+3）硫酸，用刻度吸管加入 10.00 mL 高锰酸钾标准溶液，摇匀。将锥形瓶置于沸水浴内加热 30 ± 2 min（水浴沸腾开始计时）。取出后用刻度吸管加入 10.00 mL 草酸钠标准溶液至溶液变为无色。

趁热用高锰酸钾标准溶液滴定至刚出现粉红色并保持 30 s 不褪色。记录消耗的高锰酸钾溶液体积 V_1。

2. 空白试验：用 100.00 mL 蒸馏水代替样品，其他步骤同上，记录回滴消耗的高锰酸钾溶液体积 V_0。

3. 高锰酸钾标准溶液标定：量取上述空白试验滴定终点后的溶液 100.00 mL 置于 250 mL 烧瓶中，加入 10.00 mL 草酸钠标准溶液，如需要，将溶液加热到 80 ℃，趁热用高锰酸钾标准溶液进行滴定至刚出现粉红色并 30 s 不褪色。记录消耗的 $KMnO_4$ 溶液体积 V_2。

三、数据处理与分析

高锰酸盐指数（I_{Mn}）以每升样品消耗的毫克氧量来表示（O_2，mg/L），按下式计算：

$$I_{Mn} = \frac{[(10+V_1)\frac{10}{V_2} - 10] \times c \times 8 \times 1000}{V} \qquad （公式 2-8）$$

式中，V_1—样品滴定时消耗高锰酸钾溶液体积，mL；V_2—标定空白样品时消耗高锰酸钾溶液体积，mL；c—草酸钠标准溶液，0.01 mol/L；V—测定样品时，所取的水样体积。

如样品经稀释后测定，按下式计算：

$$I_{Mn} = \frac{\{[(10+V_1)\frac{10}{V_2}-10] - [(10+V_0)\frac{10}{V_2}-10] \times f\} \times c \times 8 \times 1000}{V_3} \qquad （公式 2-9）$$

式中，V_0—样品滴定时消耗高锰酸钾溶液体积，mL；V_3—测定样品时所取样体积，mL；f—稀释样品时，蒸馏水在 100 mL 测定用体积内所占比例［例如：10 mL 样品用水稀释至 100 mL，则 f=（100 − 10）/100=0.90］。

【**质量控制与质量保证**】

1. 每批样品至少做 2 个空白试验。

2. 每批样品应做 10% 的平行样。若样品数少于 10 个，应至少做一个平行样。平行样的相对偏差不超过 ±10%。

3. 每批样品测定时，应分析一个有证标准样品或质控样品，其测定值应在保证值范围内或达到规定的质量控制要求，确保样品测定结果的准确性。

【**思考题**】

1. 水样 Cl^- 含量高时，为什么对测定有干扰？如何消除？

2. 水样测定时，为什么要进行空白校正？

3. 构成高锰酸盐指数的物质可能有哪些？

【**常见问题**】

1. 水浴的水面要高于锥形瓶内的液面。

2. 样品量以加热氧化后残留的高锰酸钾为其加入量的 1/2~1/3 为宜。加热时，如溶液红色褪去，说明高锰酸钾量不够，须重新取样，经稀释后测定。

3. 滴定时温度如低于 60 ℃，反应速度缓慢，此时应加热使反应温度保持至 60~80 ℃，并趁热进行滴定。

【小知识】

高锰酸盐指数高意味着水中含有大量还原性物质，其中主要是有机污染物。《地表水环境质量标准》（GB 3838—2002）把高锰酸盐指数作为基本项目进行监测并规定了标准限值，如表 2-5 所示。

表 2-5 《地表水环境质量标准》（GB 3838—2002）I_{Mn} 标准限值（单位：mg/L）

水质类别	Ⅰ类	Ⅱ类	Ⅲ类	Ⅳ类	Ⅴ类
$I_{Mn} \leqslant$	2	4	6	10	15

【参考文献】

［1］国家技术监督局. 水质 高锰酸盐指数的测定：GB/T 11892—1989[S].

［2］国家环境保护总局《水和废水监测分析方法》编委会，水和废水监测分析方法.4 版 [M]. 北京：中国环境科学出版社，2002.

［3］环境保护部. 地表水和污水监测技术规范：HJ/T 91—2002[S].

［4］环境保护部. 水质采样 样品的保存和管理技术规定：HJ 493—2009[S].

［5］国家环境保护总局，国家质量监督检验检疫总局. 地表水环境质量标准：GB 3838—2002[S].

实验七　水体五日生化需氧量的测定

　　生化需氧量（BOD）是指在有溶解氧的条件下，好氧微生物在分解水中有机物的生物化学氧化过程中所消耗的溶解氧量。有机物在好氧微生物的作用下分解大致分为两个阶段（图2-6）：第一阶段，主要氧化分解碳水化合物及脂肪等易被分解的有机物，氧化产物为二氧化碳和水，此阶段称为碳化阶段，20 ℃时碳化阶段可进行16 d左右；第二阶段，氧化含氮的有机化合物，氧化产物为硝酸盐和亚硝酸盐，此阶段称为硝化阶段，20 ℃时需要约100 d。然而这两个阶段并不能截然分开，而是各有主次。为了缩短测定时间，同时使测定值具有代表性，通常以5 d作为测定的标准时间，测定的BOD值通常不包括硝化阶段或硝化阶段不显著。目前，国内外普遍采用20 ℃、五日生化培养、稀释水样的方法——五日培养法，作为废水BOD测定的标准方法。这种方法测定结果称为五日生化需氧量，用BOD_5表示。

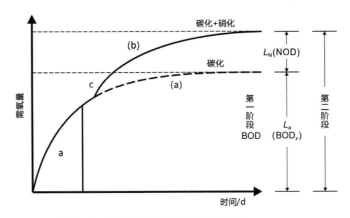

图2-6　有机物好氧分解的两个阶段

【实验目的】

1. 掌握稀释与接种法测定五日生化需氧量（BOD_5）的原理。

2. 掌握 BOD_5 测定的操作技能，包括稀释水的配制、稀释倍数的选择、稀释水的校核和溶解氧的测定等。

3. 了解评价水体可生化性的意义。

【实验原理】

测定 BOD 的方法有稀释与接种法、微生物电极法、活性污泥曝气降解法、库仑滴定法、压差法等。本实验采用稀释与接种法测定 BOD_5。该方法是将水样充满完全密闭的溶解氧瓶，在 20±1 ℃的暗处培养 5 d±4 h 或（2+5）d±4 h〔先在 0~4 ℃暗处培养 2 d，接着在 20±1 ℃的暗处培养 5 d，即培养（2+5）d〕，分别测定培养前后水样中溶解氧的质量浓度，其差值即为所测样品的 BOD_5，以氧的质量浓度（mg/L）表示。

实际 BOD_5 测定时，大部分污水和严重污染的天然水 BOD_5 大于 6 mg/L，需要稀释后培养测定；对不含或含微生物少的工业废水，如酸性废水、碱性废水、高温废水、冷冻保存的废水或经过氯化处理等的废水，在测定 BOD_5 时应当进行接种，以引进分解废水中有机物的微生物。当废水中存在难以被一般生活污水中的微生物以正常的速度降解的有机物或含有剧毒物质时，应将驯化后的微生物引入水样中进行接种。

【实验设备与材料】

一、实验仪器与设备

1. 带风扇的恒温培养箱：20 ± 1 ℃。

2. 溶解氧瓶：带水封装置，容积 250~300 mL（图 2-7）。

3. 稀释容器：1000~2000 mL 的量筒或容量瓶。

4. 虹吸管：供分取水样或添加稀释水。

5. 曝气装置：多通道空气泵或其他曝气装置，曝气可能带来有机物、氧化剂和金属，导致空气污染，如有污染，空气应过滤清洗。

6. 滤膜：孔径为 1.6 μm。

7. 溶解氧测定仪。

8. 冰箱：有冷藏和冷冻功能。

图 2-7　典型的溶解氧瓶

二、实验材料与试剂

1. 氯化钙溶液：$\rho(CaCl_2)$ =27.6 g/L。称取 27.6 g 无水氯化钙溶于水，稀

释至 1000 mL。此溶液在 0~4 ℃可稳定保存 6 个月，若发现任何沉淀或微生物，应弃去。

2. 氯化铁溶液：$\rho(FeCl_3)$ =0.15 g/L。称取 0.25 g 三氯化铁 ($FeCl_3 \cdot 6H_2O$) 溶于水，稀释至 1000 mL。此溶液在 0~4 ℃可稳定保存 6 个月，若发现任何沉淀或微生物，应弃去。

3. 硫酸镁溶液：$\rho(MgSO_4)$ =11.0 g/L。称取 22.5 g 硫酸镁 ($MgSO_4 \cdot 7H_2O$)，溶于水中，稀释到 1000 mL。此溶液在 0~4 ℃可稳定保存 6 个月，若发现任何沉淀或微生物，应弃去。

4. 磷酸盐缓冲液：pH=7.2。称取 8.5 g 磷酸二氢钾（KH_2PO_4）、21.8 g 磷酸氢二钾（K_2HPO_4）、33.4 g 七水合磷酸氢二钠（$Na_2HPO_4 \cdot 7H_2O$）和 1.7 g 氯化铵（NH_4Cl）溶于水，稀释至 1000 mL，此溶液在 0~4 ℃可稳定保存 6 个月。

5. 盐酸溶液：$c(HCl)$ =0.5 mol/L。将 40 mL 盐酸（ρ=1.18 g/mL）溶于水，稀释至 100 mL。

6. 氢氧化钠溶液：$c(NaOH)$ =0.5 mol/L。称取 20 g 氢氧化钠溶于水，稀释至 1000 mL。

7. 亚硫酸钠溶液：$c(Na_2SO_3)$ =0.025 mol/L。称取 1.575 g 亚硫酸钠溶于水，稀释至 1000 mL。此溶液不稳定，需现用现配。

8. 葡萄糖 - 谷氨酸标准溶液：将葡萄糖（$C_6H_{12}O_6$，优级纯）和谷氨酸（HOOC - CH_2 - CH_2 - $CHNH_2$ - COOH，优级纯）在 130 ℃ 干燥 1 h，各称取 150 mg 溶于水，移入 1000 mL 容量瓶内并稀释至标线。此溶液的 BOD_5 为 210 ± 20 mg/L，现用现配。

9. 丙烯基硫脲硝化抑制剂：$\rho(C_4H_8N_2S)$=1.0 g/L。溶解 0.20 g 丙烯基硫脲（$C_4H_8N_2S$）于 200 mL 水中混合，4 ℃ 保存，此溶液可以稳定保存 14 d。

10. 稀释水：在 5~20 L 细口玻璃瓶中装入一定量的蒸馏水，控制水温在 20 ℃左右。稀释水的溶解氧要求达到 8 mg/L 以上，如尚未达到，需充氧使溶解氧接近饱和，然后密塞静置 4 h 后使用。临用前每升蒸馏水中加入氯化钙溶液、氯化铁溶液、硫酸镁溶液、磷酸盐缓冲溶液各 1 mL，并混匀。稀释水的 pH 应为 7.2，BOD_5 必须小于 0.2 mg/L。

11. 接种稀释水：根据接种液来源的不同，每升稀释水中加入适量接种液，城市生活污水和污水处理厂出水加 1~10 mL，河水或湖水加 10~100 mL。将接种稀释水存放在 20 ± 1 ℃ 的环境中，当天配制当天使用。接种稀释水 pH 为 7.2，BOD_5 应小于 1.5 mg/L。

12. 接种液：可购买接种微生物用的接种物质，接种液的配制和使用按说明书的要求操作；也可按以下方法获得接种液。

（1）城市污水，一般采用生活污水（COD 不大于 300 mg/L，TOC 不大于 100 mg/L），在室温下放置一昼夜，取上层清液供用。

（2）表层土壤浸出液，取 100 g 花园土壤或植物生长土壤，加入 1 L 水，混合并静置 10 min，取上清液供用。

（3）含城市污水的河水或湖水，污水处理厂的出水。

（4）当分析含有难降解物质的废水时，在排污口下游 3~8 km 处取水样作为废水的驯化接种液。如无此种水源，可取中和或经适当稀释后的废水进行连续曝气，每天加入少量该种废水，同时加入适量表层土壤或生活污水，使能适应该种废水的微生物大量繁殖。当水中出现大量絮状物，或检查其化学需氧量的降低值出现突变时，表明适用的微生物已进行繁殖，可用作接种液。一般驯化过程为 3~8 d。

【实验步骤】

一、样品的采集与保存

采集的样品应充满并密封于棕色玻璃瓶中，样品量不小于 1000 mL，在 0~4 ℃ 的暗处运输和保存，并于 24 h 内尽快分析。不同水体类型（污水、地表水、湖泊水、地下水等）的采样方法参照《水和废水监测分析方法（第四版）》。如 24 h 以内不能分析，可冷冻保存（冷冻保存时避免样品瓶破裂），冷冻样品分析前需解冻、均质化和接种。

二、水样预处理

用盐酸或氢氧化钠溶液调节水样的 pH 至 6~8。若水样含有游离氯，则应放置 1~2 h，游离氯即消失；对于游离氯在短时间不能消散的水样，可加入亚硫酸钠溶液除去。水样中含有大量颗粒物、需要较大稀释倍数的样品或经冷冻保存的样品，测定前需将样品搅拌均匀。若水样中含有大量藻类，BOD_5 的测定结果会偏高，测定前应用 1.6 μm 滤膜过滤，并在实验报告中标明。

三、稀释倍数的确定

稀释目的是降低水样中有机物的质量浓度，使整个分解过程在有足够溶解氧的条件下进行。稀释程度一般以经过 5 天培养后，消耗溶解氧至少 2 mg/L，剩余溶解氧至少 2 mg/L 为宜。为了保证培养水样中有足够的溶解氧，稀释水要充氧至饱和或接近饱和。稀释水中加入一定量的无机营养物质（磷酸盐、钙盐、镁盐和铁盐等），以保证微生物生长时的需要。首先要根据水样中有机物含量来选择适当的稀释倍数。

清洁天然水和地面水的溶解氧接近饱和，无须稀释，可以直接培养测定。对于污染的地表水和大多数工业废水，需要稀释后再培养测定。测定水样的 TOC、高锰酸盐指数（I_{Mn}）或 COD，根据水样的类型由表 2-6 选择 BOD_5 与 TOC、I_{Mn} 或 COD_{Cr} 的比值 R，再按照下式计算 BOD_5 的期望值：

$$\rho = R \times Y$$

式中，ρ 为 BOD_5 的期望值，mg/L；Y 为 TOC、I_{Mn} 或 COD_{Cr}，mg/L。

表 2-6　典型的比值 R

水样类型	BOD_5/TOC	BOD_5/I_{Mn}	BOD_5/COD_{Cr}
未处理的废水	1.2~2.8	1.2~1.5	0.35~0.65
生化处理的废水	0.3~1.0	0.5~1.2	0.20~0.35

来源：环境保护部．水质 五日生化需氧量（BOD_5）的测定 稀释与接种法：HJ 505－2009[S].

　　由算出的 BOD_5 的期望值，按表 2-7 确定水样的稀释倍数。一个水样一般做 2~3 个不同的稀释倍数。

表 2-7　测定 BOD_5 的稀释倍数

BOD_5 的期望值，$O_2/$（mg·L^{-1}）	稀释倍数	水样类型
6~12	2	河水，生物净化的生活污水
10~30	5	河水，生物净化的生活污水
20~60	10	生物净化的生活污水
40~120	20	澄清的生活污水或轻度污染的工业废水
100~300	50	轻度污染的工业废水或原生活污水
200~600	100	轻度污染的工业废水或原生活污水
400~1200	200	重度污染的工业废水或原生活污水
1000~3000	500	重度污染的工业废水
2000~6000	1000	重度污染的工业废水

来源：环境保护部．水质 五日生化需氧量（BOD_5）的测定 稀释与接种法：HJ 505－2009[S].

四、培养液的配制

　　根据确定的稀释倍数和培养液的体积，计算应取水样体积。将一定体积的试样或处理后的试样用虹吸管加入已加部分稀释水（或接种稀释水）的稀释容器中，加稀释水（或接种稀释水）至刻度，轻轻混合避免残留气泡。若稀释倍数超过 100 倍，可进行两步或多步稀释。

五、水样的测定

将配好的培养液以虹吸法转移至两个溶解氧瓶内，使溶解氧瓶充满水样后并溢出少许，加塞水封，瓶内不应有气泡。每个稀释倍数均按该法操作，并贴好标签。

取两个溶解氧瓶，用虹吸法装满稀释水（或接种稀释水），加塞水封，作为空白。

每个稀释倍数和空白各取一瓶，立即测定当天溶解氧。将另一瓶放入培养箱中，在 20±1 ℃下培养 5 d±4 h，取出水样测定剩余的溶解氧。

溶解氧采用碘量法（GB/T 7489—1987）或电化学探头法（GB/T 11913—1989）进行测定。

六、数据处理与分析

不经过稀释而直接培养的水样

$$\text{BOD}_5 (\text{mg/L}) = \rho_1 - \rho_2 \qquad （公式 2\text{-}10）$$

式中，ρ_1 为培养液在培养前的溶解氧质量浓度，mg/L；ρ_2 为培养液在培养 5 d 后的溶解氧质量浓度，mg/L。

稀释接种后培养的水样

$$\text{BOD}_5 (\text{mg/L}) = \frac{(\rho_1 - \rho_0) - (\rho_3 - \rho_4) f_1}{f_2} \qquad （公式 2\text{-}11）$$

式中，ρ_1—接种稀释水样在培养前的溶解氧质量浓度，mg/L；ρ_2—接种稀释水样在培养后的溶解氧质量浓度，mg/L；ρ_3—稀释水（或接种稀释水）在培养前的溶解氧质量浓度，mg/L；ρ_4—稀释水（或接种稀释水）在培养后的溶解氧质量浓度，mg/L；f_1—稀释水（或接种稀释水）在培养液中所占比例；f_2—原样品在培养液中所占比例。

f_1，f_2 的计算：如培养液的稀释比为 3%，即 3 份水样、97 份稀释水，则 f_1=0.97，f_2=0.03。

BOD$_5$ 的测定结果以氧的质量浓度（mg/L）报出。对于稀释与接种法，如果有多个稀释倍数的结果满足要求，结果取这些稀释倍数的平均值。结果小于 100 mg/L，保留一位小数；100~1000 mg/L，取整数位；大于 1000 mg/L，以科学计数法报出。

【质量控制与质量保证】

1. 每批样品做两个分析空白，稀释法空白试样的测定结果不能超过 0.5 mg/L，非稀释法和稀释与接种法空白试样的测定结果不能超过 1.5 mg/L，否则应检查可能的污染来源。

2. 每批样品要求做一个标准样品，样品的配制方法如下：取 20 mL 葡萄糖 - 谷氨酸标准溶液于稀释容器中，用接种稀释水稀释至 1000 mL，测定 BOD$_5$，测定结果应在 180~230 mg/L 范围内，否则应检查接种液、稀释水的质量。

3. 每批样品至少做一组平行样，计算相对百分偏差 RP。当 BOD$_5$ < 3 mg/L 时，RP 值应 ≤ ±15%；当 BOD$_5$ 为 3~100 mg/L 时，RP 应 ≤ ±20%；当 BOD$_5$ > 100 mg/L 时，RP 值应 ≤ ±25%。

【思考题】

1. 为什么采用虹吸法取水样？若用一般的方法，溶解氧值会有何变化？

2. 水样中的氧气过多或过少，应如何处理？为什么？

3. 了解废水的可生化性有什么作用？

4. 根据实际控制实验条件和操作情况，分析影响测定准确度的因素。

【常见问题】

1.在两三个稀释比的样品中，凡消耗溶解氧≥ 2 mg/L 和剩余溶解氧≥ 2 mg/L 都有效，计算结果时，应取其平均值。若剩余的溶解氧< 2 mg/L，甚至为零时，应加大稀释比。溶解氧消耗量< 2 mg/L，有两种可能：一种可能是稀释倍数过大；另一种可能是微生物菌种不适应，活性差，或含毒物质浓度过大。这时可能出现在几个稀释比中，稀释倍数较大的消耗溶解氧反而多。

2.水样稀释倍数超过 100 倍时，应预先在容量瓶中用水初步稀释后，再取适量进行稀释培养。

3.对于生物处理池的出水，因其中含有大量的硝化细菌，在测定 BOD_5 时也包括了部分含氮化合物的需氧量。对于这样的水样，可以加入硝化抑制剂抑制硝化过程。具体来说，可在每升稀释水样中加入 1 mL 浓度为 500 mg/L 的丙烯基硫脲或一定量固定在氯化钠上的 2- 氯代 -6- 三氯甲基吡啶，使得稀释样品中的浓度约为 0.5 mg/L。

【小知识】

BOD 也是反映水体被有机物污染程度的综合指标。同一水样的 BOD 和 COD 值之间存在一定的关联。BOD 反映了水中某些可被微生物降解的有机物含量以及废水化学成分对微生物的毒性效应，COD 反映了可被强氧化剂氧化的有机物含量，因此二者比值 (BOD/COD) 可评价废水可生化性，是研究废水的生化处理效果，以及生化处理废水工艺设计和动力学研究中的重要参数，具体参照表 2-8。

表 2-8　废水可生化性参考值

BOD₅/COD	≥ 0.45	0.3~0.45	0.2~0.3	< 0.2
可生化性评价	易生化	可生化	较难生化	难生化（不宜生化）

如果某废水的化学成分相对稳定，则二者的比值相对稳定，这时当获知 COD 与 BOD 的相关性后，便可以由 COD 值快速得到 BOD 值，或由 BOD 值得到 COD 值。这时，两个参数间的关系可表示为

$$COD = aBOD_5 + b \qquad （公式 2-12）$$

式中，a 和 b 为常数。

当 COD 作为纵坐标的 y 变量，BOD_5 为横坐标的 x 变量时，可得到一条直线。一般情况下截距 $b=0$ 或接近于 0，因此，其斜率 a 即为 COD/ BOD_5。

【参考文献】

［1］环境保护部 . 水质 五日生化需氧量（BOD₅）的测定 稀释与接种法：HJ 505－2009[S].

［2］国家环境保护总局《水和废水监测分析方法》编委会 . 水和废水监测分析方法 .4 版 [M]. 北京：中国环境科学出版社 , 2002.

［3］环境保护部 . 水质 采样技术指导：HJ 494－2009[S].

［4］国家环境保护总局 . 地表水和污水监测技术规范：HJ/T 91－2002[S].

［5］环境保护部 . 水质采样 样品的保存和管理技术规定：HJ 493－2009[S].

实验八　水体叶绿素 a 含量的测定

富营养化是指在人类活动的影响下，生物所需的氮、磷等营养物质大量进入湖泊、河口、海湾等缓流水体，引起藻类及其他浮游生物迅速繁殖，水体溶解氧量急剧下降，水质恶化，鱼类及其他生物大量死亡的现象。许多参数可用作水体富营养化的指标，常用的是总磷、叶绿素 a 含量和初级生产率的大小。叶绿素 a 存在于所有的浮游植物中，是植物进行光合作用的重要光合色素，大约占有机物干重的 1%~2%。通过测定浮游植物叶绿素 a，可以估算浮游植物生物量，进而掌握水体的初级生产情况。参考世界经济合作与发展组织（OECD）规定和关于评定湖泊富营养化状态的叶绿素 a 划分标准：≥ 78 μg/L 为重富营养型；11~78 μg/L 为富营养型；3.0~11 μg/L 为中营养型；< 3.0 μg/L 为贫营养型。叶绿素 a 的实验室测量方法有分光光度法、荧光法、色谱法，其中以传统的分光光度法应用最为广泛。根据叶绿体色素提取液对可见光谱的吸收，利用分光光度计在某一特定波长下测定其吸光度，即可用公式计算出提取液中各色素的含量。

【实验目的】

1. 了解水体叶绿素 a 测定的意义和方法。
2. 掌握分光光度法测定叶绿素 a 的原理与操作技术。
3. 了解水体富营养化状况的评价。

【实验原理】

　　将一定量样品用滤膜过滤截留藻类，研磨破碎藻类细胞，用丙酮溶液提取叶绿素，离心分离后分别于 750 nm、664 nm、647 nm 和 630 nm 波长处测定提取液吸光度，根据公式计算水中叶绿素 a 的浓度，该法又称之为三色法。

【实验设备与材料】

一、实验仪器与设备

　　1. 紫外 - 可见分光光度计：配 10 mm 石英比色皿。紫外 - 可见分光光度计由光源、单色器、吸收池、检测器组成，仪器原理如图 2-8 所示。光照射分析物，光将有选择地被分析物吸收，光吸收强度遵循朗伯 - 比尔定律。

$$A = -\lg T = -\lg \frac{I_0}{I} = \varepsilon bc \qquad （公式 2-13）$$

式中，I_0—入射光辐射强度；I—透射光辐射强度；T—透射比；A—吸光系数；ε—摩尔吸光系数。

　　2. 离心机：相对离心力可达到 $1000 \times g$（转速 3000~4000 r/min）。

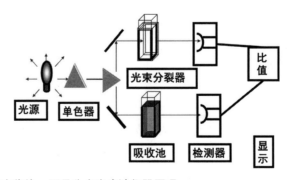

　　图 2-8　双光束紫外 - 可见分光光度计仪器原理

3. 玻璃刻度离心管：15 mL，旋盖材质不与丙酮反应。

4. 采样瓶：1 L 或 500 mL 具磨口塞的棕色玻璃瓶。

5. 过滤装置：配真空泵和玻璃砂芯过滤装置。

6. 研磨装置：玻璃研钵或其他组织研磨器。

7. 针式滤器：0.45 μm 聚四氟乙烯有机相针式滤器。

8. 玻璃纤维滤膜：直径 47 mm，孔径为 0.45 ~0.7 μm。

二、实验材料与试剂

1. 丙酮溶液：(9+1)，在 900 mL 丙酮（CH_3COCH_3）中加入 100 mL 实验用水。

2. 碳酸镁悬浊液：ρ（$MgCO_3$）=10.0 g/L。称取 1.0 g 碳酸镁，加入 100 mL 蒸馏水，搅拌成悬浊液，使用前充分摇匀。

【实验步骤】

一、水样的采集与保存

根据水体类型的不同，按照《水和废水监测分析方法（第四版）》完成样品的采集。样品的采集一般使用有机玻璃采水器或其他适当的采样器。采集水面以下 0.5 m 样品，湖泊、水库根据需要可进行分层采样或混合采样，采样体积为 1 L 或 500 mL。如果样品中含沉降性固体（如泥沙等），应将样品摇匀后倒入 2 L 量筒，避光静置 30 min，取水面下 5 cm 样品，转移至棕色采样瓶中。在每升样品中加入 1 mL 碳酸镁悬浊液，以防止酸化引起色素溶解。如

果水深不足 0.5 m，在水深 1/2 处采集样品，但不得混入水面漂浮物。

样品采集后应在 0~4 ℃避光保存、运输，24 h 内运送至实验室过滤。若样品 24 h 内不能送达实验室，应现场过滤，滤膜避光冷冻运输。样品滤膜于−20℃避光保存，14 d 内分析完毕。样品采集后，如条件允许，应尽快分析完毕。

二、试样的制备

1. 过滤：在过滤装置上装好玻璃纤维滤膜。根据水体的营养状态确定取样体积。用量筒取一定体积的混匀样品进行过滤，最后用少量蒸馏水冲洗滤器壁。过滤时负压不超过 50 kPa，在样品刚刚完全通过滤膜时结束抽滤，用镊子将滤膜取出，将有样品的一面对折，用滤纸吸干滤膜水分。

表 2-9　参考过滤样品体积

营养状态	富营养	中营养	贫营养
过滤体积 /mL	100~200		500~1000

来源：环境保护部 . 水质 叶绿素 a 的测定：HJ 897—2017[S].

2. 研磨：将样品滤膜放置于研磨装置中，加入 3~4 mL（9+1）的丙酮溶液，研磨至糊状。补加 3~4 mL（9+1）的丙酮溶液，继续研磨，并重复 1~2 次，保证充分研磨 5 min 以上。将完全破碎后的细胞提取液转移至玻璃刻度离心管中，用丙酮溶液冲洗研钵及研磨杵，一并转入离心管中，定容至 10 mL。

3. 浸泡提取：将离心管中的研磨提取液充分振荡混匀后，用铝箔包好，放置于 4 ℃避光浸泡提取 2 h 以上，不超过 24 h。在浸泡过程中要颠倒摇匀 2~3 次。

4. 离心：将离心管放入离心机，以相对离心力 $1000 \times g$（转速 3000~4000 r/min）离心 10 min。然后用针式滤器过滤上清液得到叶绿素 a 的丙酮提取液，待测。

5. 空白试样的制备：以实验用水按照与试样制备相同的步骤进行实验室空白试样的制备。

三、样品测试

将试样转移至比色皿中，以（9+1）丙酮溶液作为参比溶液，于波长 750 nm、664 nm、647 nm、630 nm 处测量吸光度。750 nm 波长处的吸光度应小于 0.005，否则需重新过滤。

四、数据处理与分析

试样中叶绿素 a 的质量浓度（mg/L）按照如下公式进行计算：

$\rho_1 = 11.85 \times (A_{664} - A_{750}) - 1.54 \times (A_{647} - A_{750}) - 0.08 \times (A_{630} - A_{750})$（公式 2-14）

式中，ρ_1—试样中叶绿素 a 的质量浓度，mg/L；A_{664}—试样在 664 nm 波长下的吸光度；A_{647}—试样在 647 nm 波长下的吸光度；A_{630}—试样在 630 nm 波长下的吸光度；A_{750}—试样在 750 nm 波长下的吸光度。

水样中叶绿素 a 的质量浓度（µg/L），按照下式进行计算：

$$\rho = \frac{\rho_1 \cdot V_1}{V} \qquad （公式 2-15）$$

式中，ρ—水样中叶绿素 a 的质量浓度，µg/L；ρ_1—试样中叶绿素 a 的质量浓度，mg/L；V_1—试样的定容体积，mL；V—水样的取样体积，L。

当测定结果小于 100 µg/L 时，保留至整数位；当测定结果大于或等于 100 µg/L 时，保留三位有效数字。

【质量控制与质量保证】

1. 每批样品应至少做一个实验室空白，其测定结果应低于方法检出限。

2. 每批样品应至少测定 10% 的平行双样。样品数量少于 10 个时，应至少测定一个平行双样，测定结果的相对偏差应 ≤ 20%。

【思考题】

1.查阅资料,对比单色法和三色法测定的叶绿素 a 结果差异。

2.对采集的水样进行富营养化评价。

【常见问题】

1.脱镁叶绿素 a 能够干扰叶绿素 a 的测定,当含有脱镁叶绿素时,叶绿素 a 的测定值偏高。脱镁叶绿素 a 对叶绿素 a 的干扰,可通过测定叶绿素 a 酸化前后产生的吸收峰之比,对表观叶绿素的浓度进行脱镁叶绿素 a 的校正。

2.在研钵中用(9+1)丙酮溶液提取叶绿素时,如果研磨操作进行得不充分,就不能完全提取出来。有条件时,在保证提取效率的前提下可选择合适的电动组织研磨器研磨提取叶绿素 a。

3.由于叶绿素对光敏感,样品应尽快分析,所有操作应在低温、弱光下进行。

4.750 nm 处的吸光度读数用来校正浊度。由于在 750 nm 的提取液吸光度对丙酮与水之比的变化非常敏感,因此对于丙酮提取液的配制要严格遵守 9:1(体积比)的配比。

【小知识】

一、叶绿素 a 测定过程中的数据校正

浮游植物的主要光合色素是叶绿素(Chlorophyll),常见的有叶绿素 a、b

和 c。三色法测定叶绿素 a 方程中，750 nm 处的测定是用来进行浊度校正的，吸光度一般小于 0.005；664 nm 为叶绿素 a 吸光度，647 nm 为叶绿素 b 校正，630 nm 为叶绿素 c1、c2 校正。叶绿素吸收波长特征如图 2-9 所示。

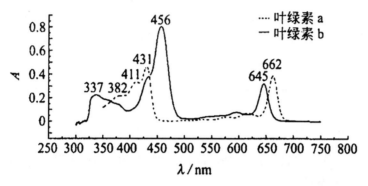

图 2-9　叶绿素吸收波长特征

来源：卢东昱，崔新图，黄镜荣，赵福利.叶绿素吸收光谱的观测 [J]. 大学物理，2006,25（1）: 50-53.

二、综合营养状态指数法（TLI）评价湖泊富营养化水平

TLI 评价法是中国环境监测总站推荐的湖泊（水库）富营养化评价方法，该方法考虑了 5 个影响因素，包括叶绿素 Chla、SD、TP、TN 和 I_{Mn} 指数。具体表达式计算公式为

$$TLI（Chla）=10（2.5+1.086lnChla）$$

$$TLI（TP）=10（9.436+1.624lnTP）$$

$$TLI（TN）=10（5.453+1.694lnTN）$$

$$TLI（SD）=10（5.118-1.94lnSD）$$

$$TLI（I_{Mn}）=10（0.109+2.661lnI_{Mn}）$$

式中，TLI(Chla)—叶绿素 a（mg/m^3）指数；TLI(SD)—透明度 SD（m）指数；TLI(TP)—总磷 TP（mg/L）指数；TLI(TN)—总氮 TN（mg/L）指数；TLI(I_{Mn})—叶绿素 I_{Mn}（mg/L）指数。

评价水体富营养化程度，需对上述式中各 TLI 指数进行加权求和，其最终营养状态指数以 TLI（∑）表示。TLI（∑）的计算公式为

$$TLI（\sum）=\sum W_j \cdot TLI（j） \qquad （公式 2-16）$$

219

式中，TLI（∑）—综合营养状态指数；W_j—第 j 种参数的营养状态指数的相关权重；TLI（j）—代表第 j 种参数的营养状态指数。各指标权重如表 2-10 所示。

表 2-10　各指标权重

权重	Chla	TP	TN	SD	I_{Mn}
W_j	0.2663	0.2237	0.2183	0.2210	0.2210

当 TLI（∑）<30，为贫营养；30 < TLI（∑）≤ 50，为中营养；50 < TLI（∑）≤ 60，为轻度富营养；60 < TLI（∑）≤ 70，为中度富营养；TLI（∑）>70，为重度富营养。

【参考文献】

［1］环境保护部．水质 叶绿素 a 的测定：HJ 897－2017[S].

［2］U.S. EPA. In vitro determination of chlorophylls a, b, c1 + c2 and pheopigments in marine and freshwater algae by visible spectrophotometry, Method 446.0 [S]:1997.

［3］国家环境保护局，国家技术监督局．水质 湖泊和水库采样技术指导：GB/T 14581—1993[S].

［4］国家环境保护总局．地表水和污水监测技术规范：HJ/T 91－2002[S].

［5］卢东昱，崔新图，黄镜荣，赵福利．叶绿素吸收光谱的观测 [J]．大学物理，2006,25（1）：50-53.

实验九 — 水体重金属含量的测定（电感耦合等离子体质谱法）

重金属污染是指环境介质中重金属离子如钴（Co）、镍（Ni）、铜（Cu）、锌（Zn）、铅（Pb）、镉（Cd）、汞（Hg）、锑（Sb）、铊（Tl）等的浓度超过一定限值而引起的污染。水体重金属污染主要由人类活动所造成，其中最为重要的是工业废水的排放，如采矿、选矿、冶金、电镀、化工、制革和造纸工业废水等。重金属污染具有生物富集性、高毒性和难降解性等特征。铜、锌等人体必需的微量元素含量超过一定数值，也会产生危害，铅、镉等本身对人体健康有害。测定水体中重金属元素广泛采用的方法有分光光度法、原子吸收分光光度法、电感耦合等离子体发射光谱法、电感耦合等离子体质谱法等。这些方法各有特点，根据水体类型及重金属含量特征，可选择不同的方法。电感耦合等离子体质谱法常用于水体中痕量浓度元素总量的测定。

【实验目的】

1. 掌握电感耦合等离子体质谱仪（ICP-MS）的工作原理和使用方法。

2. 掌握电感耦合等离子体质谱法测定水体重金属（以铜、锌、铅和镉为例）的原理和步骤。

水样经预处理后，采用电感耦合等离子体质谱仪（ICP-MS）进行检测，根据元素的质谱图或特征离子进行定性，内标法定量。样品由载气带入雾化系统进行雾化后，以气溶胶形式进入等离子体的轴向通道，在高温和惰性气体中被充分蒸发、解离、原子化和电离，转化成的带电荷的正离子经离子采集系统进入质谱仪，质谱仪根据离子的质荷比即元素的质量数进行分离并定性、定量地分析。在一定浓度范围内，元素质量数处所对应的信号响应值与其浓度成正比。电感耦合等离子体质谱法适用于地表水、地下水、生活污水、低浓度工业废水中银、铝、金、硼、钡、铋、钙、铁、镓、锗、铪、铟、铅、镉、铬、锌、钨、硒、砷、铜、锰、铍、钴、镍、锂、铯、钛、铊、钒、锡、锑、钇、镧、铈、镨、钕、钐、铕、钆、铽、镝、钬、铒、铥、镱、镥、锆、钾、镁、钼、钠、铌、磷、钯、铂、铷、铼、铑、钌、钪、锶、碲、铥、铀、铱等元素含量的测定。各元素方法检出限为 0.02~19.6 μg/L，测定下限为 0.08~78.4 μg/L。

一、实验仪器与设备

1.电感耦合等离子体质谱仪（ICP-MS）。ICP-MS 工作原理如图 2-10 所示。电感耦合等离子体（ICP）利用在电感线圈上施加的强大功率的射频信号，在线圈包围区域形成高温等离子体，并通过气体的推动，保证了等离子体的平衡和持续电离。在 ICP-MS 中，ICP 起到离子源的作用，高温等离子体使大多数样品中的元素都电离出一个电子而形成一价正离子。质谱是一个质量筛

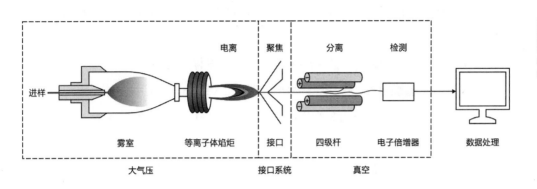

图 2-10　电感耦合等离子体质谱仪工作原理

选器，通过选择不同质荷比的离子通过并到达检测器，来检测某种离子的强度，进而分析计算出元素浓度。

2. 电热板。

3. 其他实验室常用仪器设备，如万分之一天平等。

二、实验材料与试剂

1. 实验用水：超纯水机出水，pH=7，电阻率 ≥ 18.2 MΩ·cm。

2. 硝酸：ρ（HNO_3）= 1.42 g/mL，优级纯或优级纯以上，必要时经纯化处理。

3. 铜标准储备液：ρ（Cu）=1.00 g/L。准确称取 0.5000 g 光谱纯金属（纯度大于 99.99%）铜，用适量（1+1）硝酸溶解，必要时加热直至溶解完全，冷却后转移到 500 mL 容量瓶中，用超纯水稀释至刻度。也可购买有证标准溶液。元素标准储备液均应在密封的聚乙烯或聚丙烯瓶中保存。

4. 锌标准储备液：ρ（Zn）=1.00 g/L。准确称取 0.5000 g 光谱纯金属锌，其他步骤同上。

5. 铅标准储备液：ρ（Pb）=1.00 g/L。准确称取 0.5000 g 光谱纯金属铅，其他步骤同上。

6. 镉标准储备液：ρ（Cd）=1.00 g/L。准确称取 0.5000 g 光谱纯金属镉，其他步骤同上。

7.（1+1）硝酸溶液：将优级纯硝酸与超纯水等体积混合，摇匀。

8.（2+98）硝酸溶液：将 2 体积优级纯硝酸加入到 98 体积超纯水中，混匀。

9. 铜、锌、铅和镉混合标准中间液：分别取 1.00 mL 铜标准储备液、1.00 mL 锌标准储备液、1.00 mL 铅标准储备液和 1.00 mL 镉标准储备液于 1000 mL 容量瓶中，用（2+98）的硝酸稀释到刻度线。此时，铜、锌、铅和镉的质量浓度均为 1.00 mg/L。

10. 内标标准使用溶液：用（2+98）硝酸溶液稀释内标储备液，配制内标标准使用溶液。常见的内标元素有 ^{6}Li、^{45}Sc、^{74}Ge、^{89}Y、^{103}Rh、^{115}In、^{185}Re、^{209}Bi。对于铜、锌、铅和镉离子，推荐使用的内标为 ^{74}Ge、^{74}Ge、^{185}Re、^{115}In。测定过程中应确保内标元素在样液中的浓度约为 5~50 μg/L。

11. 质谱仪调谐溶液：ρ=1 μg/L。宜选用含有 Li、Co、In、U 和 Ce 元素为质谱仪的调谐溶液。可直接购买有证标准溶液，用（2+98）硝酸溶液稀释至 1 μg/L。

12. 载气：氩气，纯度大于 99.99%。

【实验步骤】

一、样品的采集与预处理

用聚乙烯容器采集水样。不同水体类型（污水、地表水、湖泊水、地下水等）的采样方法参照《水和废水监测分析方法（第四版）》。可溶性元素样品采集后立即用 0.45 μm 滤膜过滤，弃去初始的滤液 50 mL，用少量滤液清洗采样瓶，收集所需体积的滤液于采样瓶中，加入适量硝酸至 pH < 2。

样品清亮时可直接进行测试。如样品中含有较多有机物时，需进行消解。

具体操作如下：取 200 mL 水样置于烧杯中，加入浓硝酸（$\rho = 1.42$ g/mL）5 mL，在电热板上加热消解。待大部分有机物分解后，取下稍冷，加入 2 mL 高氯酸（$\rho = 1.68$ g/mL）继续加热至开始冒白烟。若消解不完全，补加 5 mL 硝酸和 2 mL 高氯酸继续加热，直至浓厚白烟将尽（不可蒸干）。取下稍冷，加入（2+98）硝酸 20 mL，温热至残渣溶解，移入 200 mL 容量瓶中，定容。

二、仪器调试

按照 ICP-MS 仪器说明书设定条件参数。点燃等离子体后预热稳定 30 min。首先用质谱仪调谐溶液对仪器的灵敏度、氧化物和双电荷进行调谐，在满足要求的条件下，调谐溶液中所含元素信号强度的相对标准偏差 ≤ 5%。然后在涵盖待测元素的质量范围内进行质量校正和分辨率校验，如质量校正结果与真实值差别超过 ± 0.1 amu 或调谐元素信号的分辨率在 10% 峰高所对应的峰宽超过 0.6~0.8 amu 的范围，应依照仪器使用说明书的要求对质谱进行校正。

三、标准曲线的绘制

在一组 6 个 100 mL 容量瓶中，分别加入 0 mL、0.50 mL、1.00 mL、2.00 mL、5.00 mL、10.00 mL 混合标准中间液，用（2+98）硝酸溶液稀释至标线，混匀。配制成浓度为 0 μg/L、5.00 μg/L、10.00 μg/L、20.00 μg/L、50.00 μg/L、100.00 μg/L 的标准系列溶液。内标元素标准使用溶液可直接加入工作溶液中，也可在样品雾化之前通过蠕动泵自动加入。内标的浓度应远高于样品自身所含内标元素的浓度。用 ICP-MS 测定标准系列溶液，以标准溶液浓度为横坐标，以样品信号与内标信号的比值为纵坐标建立标准曲线，标准曲线的相关系数应达到 0.999 以上。

四、样品测定

试样测定前，先用（2+98）硝酸溶液冲洗系统直到信号降至最低，待分析信号稳定后方可测定。试样测定时应加入与绘制校准曲线时相同量的内标元素标准使用溶液。若样品中待测元素浓度超出校准曲线范围，需用（2+98）硝酸溶液稀释后重新测定，稀释倍数为 f。

按照与试样相同的测定条件测定空白试样。

五、结果计算

样品中元素含量按照公式进行计算。

$$\rho = (\rho_1 - \rho_2) \times f \qquad （公式 2-17）$$

式中，ρ—样品中元素的质量浓度，μg/L；ρ_1—稀释后样品中元素的质量浓度，μg/L；ρ_2—稀释后实验室空白样品中元素的质量浓度，μg/L；f—稀释倍数。

测定结果小数位数与方法检出限保持一致，最多保留三位有效数字。

【质量控制与质量保证】

1. 标准曲线：每次分析样品均需绘制标准曲线，标准曲线的相关系数应达到 0.999 以上。

2. 内标：每次分析中必须监测内标的强度，试样中内标的响应值应介于标准曲线响应值的 70%~130%，否则说明仪器发生漂移或有干扰产生。如果发现基体干扰，需要进行稀释后测定；如果发现样品中含有内标元素，需要更换内标或提高内标元素浓度。

3. 空白：每批样品应至少做一个全程序空白及实验室空白。空白值应符合下列情况之一：① 空白值应低于方法检出限；② 低于标准限值的 10%；③ 低于每一批样品最低测定值的 10%。

4. 实验室控制样品：在每批样品中，应在试剂空白中加入每种分析物质，其加标回收率应在 80%~120%。

5. 平行样：每批样品应至少测定 10% 的平行双样，样品数量少于 10 时，应测定一个平行双样；平行样品测定结果的相对偏差应 ≤ 20%。

【思考题】

1. 简述电感耦合等离子体质谱法的原理和分析过程。

2. 环境水样在用 ICP-MS 测定前一般需要酸消解和过滤等预处理，为什么？

3. ICP-MS 可否测定单一形态的金属离子？例如，可否测定三价铬（Cr^{3+}）含量？

【常见问题】

1. 实验所用器皿，在使用前须用硝酸溶液浸泡至少 12 h 以上，之后用去离子水冲洗干净方可使用。

2. 钾、钙、钠、镁等元素含量相对较高时，可选用电感耦合等离子体发射光谱法（ICP-OES）等方法测定。对于未知的废水样品，建议首先使用 ICP-OES 等方法初测样品浓度，避免分析期间样品对仪器检测器的潜在损害，同时鉴别浓度超过线性范围的元素。

3. 样品基质复杂会影响金属元素的测定，为减小基质的干扰，样品中总

溶解固体（TDS）的含量应小于 0.1%。

4. 在连续分析浓度差异较大的样品或标准品时，样品中待测元素（如硼等元素）易沉积并滞留在真空界面、喷雾枪和雾化器上导致记忆干扰，可通过延长样品间的洗涤时间来避免这类干扰的产生。

【小知识】

一、重金属污染的危害

重金属污染具有不可降解性、高毒性以及持久性等特点，且可以通过食物链放大传递到人体中，进而威胁到水生生物和人类健康。镉的毒性很强，可在人体的肝、肾等组织中蓄积，造成各脏器组织的损坏，尤以肾脏损坏最为明显。铅主要的毒性效应是导致贫血、神经机能失调和肾损伤等。铜虽然是人体必需的微量元素，但过量摄入铜亦会产生危害。锌也是人体必不可少的有益元素，每升水含数毫克锌对人体和恒温动物无害，但对鱼类和其他水生生物影响较大。

全球八大环境公害事件中，由重金属污染引起的事件有两起：日本发生的"水俣病"和"痛痛病"事件。水俣病是因为烧碱制造工业排放的废水中含有汞，经生物作用变成有机汞后造成的，症状表现为手足变形、步履蹒跚、视觉丧失、神经失常、身体弯弓等；痛痛病是由炼锌工业和镉电镀工业所排放的镉所致，病人患病后全身非常疼痛，终日喊痛不止，因而取名"痛痛病"（亦称骨痛病）。

《地表水环境质量标准》（GB 3838—2002）把铜、锌、铅和镉作为基本项目进行监测并规定了标准限值，如表 2-11 所示。

表 2-11 《地表水环境质量标准》(GB 3838—2002) 重金属标准限值（单位：mg/L）

水质类别	Ⅰ类	Ⅱ类	Ⅲ类	Ⅳ类	Ⅴ类
铜 ≤	0.01	1.0	1.0	1.0	1.0
锌 ≤	0.05	1.0	1.0	2.0	2.0
铅 ≤	0.01	0.01	0.05	0.05	0.1
镉 ≤	0.001	0.005	0.005	0.005	0.01

二、地表水重金属污染评价方法

水体中往往多种重金属并存，内梅罗综合污染指数法能够反映水体重金属污染现状及各种重金属对复合污染的不同贡献，并甄别主要污染物，是水体重金属污染评价的常用方法。

单因子污染指数 $\qquad P_i = C_i / S_i$ （公式2-18）

多因子综合污染指数 $\qquad P_N = \sqrt{\dfrac{\max(P_i)^2 + \text{ave}(P_i)^2}{2}}$ （公式2-19）

式中，C_i 为重金属 i 的实测浓度；S_i 为相应的水质标准，根据待测水体功能类型，选择《地表水环境质量标准》(GB 3838—2002) 中的评价标准（表2-12）作为参比标准；$\max(P_i)$ 为重金属单因子污染指数的最大值；$\text{ave}(P_i)$ 为各金属单因子污染指数的平均值。

表 2-12 重金属污染程度评价标准

P_i	P_n	污染程度
≤ 1	≤ 0.7	安全
1~2	0.7~1	警戒
2~3	1~2	轻度污染
> 3	> 2	重度污染

【参考文献】

［1］环境保护部. 水质 65 种元素的测定 电感耦合等离子体质谱法：HJ 700－2014[S].

［2］国家环境保护总局. 地表水和污水监测技术规范：HJ/T 91—2002[S].

［3］国家环境保护总局《水和废水监测分析方法》编委会. 水和废水监测分析方法.4 版 [M]. 北京：中国环境科学出版社,2002.

［4］环境保护部. 水质采样 样品的保存和管理技术规定：HJ 493－2009[S].

［5］国家环境保护总局, 国家质量监督检验检疫总局. 地表水环境质量标准：GB 3838－2002[S].

实验十 水体六价铬和总铬的测定（二苯碳酰二肼分光光度法）

　　水环境中的铬主要以三价铬和六价铬的稳定形态存在。铬的毒性与其存在的化合价态有关。六价铬在环境中流动性很强，且具有很强的氧化性，对人和农作物的毒害极大，其毒性比三价铬高 100 倍。六价铬很容易穿过细胞壁进而毒害细胞，是很多癌症疾病的来源。三价铬毒性虽然较低，但是对鱼类的毒性却很大。由于铬对人体有致癌、致畸作用，我国规定工业废水中六价铬的最高浓度为 0.5 mg/L，发达国家为 0.1 mg/L。美国环境保护署规定饮用水中最大总铬浓度为 100 μg/L。因此，测定水环境中的总铬和六价铬，对于了解其迁移转化行为，评估其生态毒性有着重要意义。测定水中铬的方法有：二苯碳酰二肼分光光度法、火焰原子吸收光谱法、电感耦合等离子体发射光谱法、电感耦合等离子体质谱法、硫酸亚铁铵滴定法等。

【实验目的】

1. 掌握分光光度法测定六价铬和总铬的原理和方法。
2. 熟练使用紫外 - 可见分光光度计。

【实验原理】

在酸性溶液中，六价铬离子与二苯碳酰二肼反应生成紫红色化合物，其最大吸收波长为 540 nm，吸光度与六价铬浓度的关系符合朗伯 - 比尔定律。如果测定总铬，需先使用 $KMnO_4$ 溶液将其全部转化为六价铬，再用本方法测定。若取水样体积为 50 mL，使用光程为 10 mm 的玻璃比色皿，最低检出浓度为 0.004 mg/L，测定上限浓度为 1.0 mg/L。

Mo^{6+}、V^{5+}、Fe^{3+} 等对测定有干扰，其中 Mo^{6+} 干扰较小；Fe^{3+} 含量大于 1 mg/L 时干扰较大，可通过加入磷酸的方法消除；V^{5+} 含量高于 4 mg/L 即干扰测定，可通过放置 5~10 min 的办法消除。

【实验设备与材料】

一、实验仪器与设备

1. 紫外 - 可见分光光度计，比色皿（1 cm、3 cm）。
2. 50 mL 具塞比色管，移液管，容量瓶等。

二、实验材料与试剂

1. 丙酮。

2.（1 + 1）硫酸：将优级纯硫酸（ρ =1.84 g/mL）缓缓加入等体积水中，混匀。

3.（1 + 1）磷酸：将优级纯磷酸（ρ = 1.69 g/mL）加入等体积水中，混匀。

4. 氢氧化钠溶液：2 g/L。

5. 氢氧化锌共沉淀剂：称取硫酸锌（$ZnSO_4·7H_2O$）8 g，溶于 100 mL 水中；称取氢氧化钠 2.4 g，溶于新煮沸冷却的 120 mL 水中。将以上两溶液混合。

6. 高锰酸钾溶液：$\rho(KMnO_4)$ =40 g/L。

7. 六价铬标准储备液：$\rho(Cr^{6+})$ =100.0 μg/mL。称取于 120 ℃ 干燥 2 h 的重铬酸钾（优级纯）0.2829 g，用水溶解，移入 1000 mL 容量瓶中，用水稀释至标线，摇匀。

8. 六价铬标准使用液：$\rho(Cr^{6+})$ =1.00 μg/mL。吸取 5.00 mL 六价铬标准储备液于 500 mL 容量瓶中，用水稀释至标线，摇匀。使用当天配制。

9. 尿素溶液：$\rho(CH_4N_2O)$ =200 g/L。

10. 亚硝酸钠溶液：$\rho(NaNO_2)$ =20 g/L。

11. 显色剂（二苯碳酰二肼溶液）：$\rho(C_{13}H_{14}N_4O)$ =2.0 g/L。称取 0.2 g 二苯碳酰二肼（简称 DPCI，$C_{13}H_{14}N_4O$）溶于 50 mL 丙酮中，加水稀释至 100 mL，摇匀，储于棕色试剂瓶内，置于冰箱中保存。颜色变深后不能再用。

12. （1+1）氢氧化铵溶液：将氨水（$NH_3·H_2O$，ρ =0.90 g/mL）与等体积水混合。

13. 铜铁试剂：ρ =50 g/L。称取铜铁试剂 [$C_6H_5N(NO)ONH_4$] 5 g，溶于冰水并稀释至 100 mL。临用时现配。

【实验步骤】

一、水样采集

六价铬和总铬样品应分别采集，装入玻璃瓶中。不同水体类型（污水、地表水、湖泊水、地下水等）的采样方法参照《水和废水监测分析方法（第四版）》。六价铬样品调节 pH=8~9；总铬样品调节 pH ≤ 2。采集后应尽快测定，如放置，不要超过 24 h。

二、水样预处理

（一）测定六价铬水样的预处理

对不含悬浮物、低色度的清洁地面水，可直接进行测定。

如果水样有色但不深，可进行色度校正。即另取一份试样，加入除显色剂以外的各种试剂，以 2 mL 丙酮代替显色剂，用此溶液为测定试样溶液吸光度的参比溶液。

对混浊、色度较深的水样，应加入氢氧化锌共沉淀剂并进行过滤处理。

水样中存在次氯酸盐等氧化性物质时，干扰测定，可加入尿素和亚硝酸钠消除。

水样中存在低价铁、亚硫酸盐、硫化物等还原性物质时，可将 Cr^{6+} 还原为 Cr^{3+}，此时，调节水样 pH 至 8，加入显色剂溶液，放置 5 min 后再酸化显色，并以同法作标准曲线。

（二）测定总铬的水样预处理方法

一般清洁水样可直接用高锰酸钾氧化后测定。

样品中含有大量的有机物时，可用硝酸 - 硫酸溶液进行消解处理。取 50.0 mL 或适量（含铬少于 50 μg）水样，置于 150 mL 烧杯中，加入 5 mL 浓硝酸和 3 mL 浓硫酸，加热蒸发至冒白烟。如溶液仍有色，再加入 5 mL 浓硝酸，重复上述操作，至溶液清澈，冷却。用水稀释至 10 mL，用（1+1）氨水中和至 pH 为 1~2，移入 50 mL 容量瓶中，用水稀释至标线，摇匀，供测定。

水样中钼、钒、铁、铜含量较大时，需用铜铁试剂 - 三氯甲烷萃取除去金属离子。

高锰酸钾氧化三价铬：取 50.0 mL 或适量（含铬少于 50 μg）清洁水样或经预处理的水样于 150 mL 锥形瓶中，加几粒玻璃珠，用（1+1）氨水或（1+1）硫酸调节 pH 至中性。向水样中依次加入 0.50 mL（1+1）硫酸、0.50 mL（1+1）磷酸，加入 2 滴 40 g/L 高锰酸钾溶液。如紫红色褪去，则应继续添加高锰酸钾溶液至保持红色。加热煮沸至溶液体积约剩 20 mL。冷却后，加入 1.0 mL 200 g/L 的尿素溶液，然后用滴管滴加 20 g/L 的亚硝酸钠溶液，每加 1 滴即充分摇动，直至紫色刚好褪去为止。稍停片刻，待瓶中不再冒气泡后，将溶液转移到 50 mL 比色管中，用水稀释至标线，待测。

三、标准曲线的绘制

取 9 支 50 mL 比色管，依次加入 0 mL、0.20 mL、0.50 mL、1.00 mL、2.00 mL、4.00 mL、6.00 mL、8.00 mL 和 10.00 mL 六价铬标准使用液，用水稀释至标线，加入（1＋1）硫酸 0.5 mL 和（1＋1）磷酸 0.5 mL，摇匀。加入 2 mL 显色剂溶液，摇匀。5~10 min 后，于 540 nm 波长处，用 1 cm 或 3 cm 比色皿，以水为参比，测定吸光度并作空白校正。以吸光度为纵坐标，相应六价铬含量为横坐标绘出标准曲线。

四、水样的测定

取适量（含 Cr^{6+} 少于 50 μg）无色透明或经预处理的水样于 50 mL 比色管中，用水稀释至标线，测定方法同标准溶液。进行空白校正后根据所测吸光度从标准曲线上查得 Cr^{6+} 含量。

五、数据处理与分析

铬含量 ρ（mg/L）按下式计算：

$$\rho = \frac{m}{V} \qquad （公式 2-20）$$

式中，ρ 为水样中总铬或六价铬的质量浓度，mg/L；m 为由标准曲线查得的样品管中六价铬或总铬的质量，μg；V 为水样的体积，mL。

【质量控制与质量保证】

1. 标准曲线：每次分析样品均需绘制标准曲线。通常情况下，标准曲线的相关系数应达到 0.999 以上。

2. 空白：每批样品应至少做一个全程序空白及实验室空白。

3. 实验室控制样品：在每批样品中，应选择至少一个标准曲线样品测试，其测定值应在标准要求的范围内。

4. 平行样：每批样品应至少测定 10% 的平行双样，样品数量少于 10 时，应测定一个平行双样；平行样品测定结果的相对偏差应 ≤ 10%。

【思考题】

1. 用于测定铬的玻璃器皿可以用重铬酸钾洗液洗涤吗，为什么？

2. Cr^{6+} 的最佳显色酸度是什么，显色温度和显色时间对其显色有何影响？

3. 使用分光光度计应注意什么问题？比色皿透光面为什么一定要擦洗干净？

4. 水样中三价铬含量如何获得？

【常见问题】

1. 用于测定铬的玻璃器皿不应用重铬酸钾洗液洗涤。

2. Cr^{6+} 与显色剂的反应一般控制酸度在 0.05~0.30 mol/L（1/2 H_2SO_4）范围，以 0.2 mol/L 时显色最好。显色前，水样应调至中性。显色温度和放置时间对显色有影响，在 15 ℃时，5~15 min 颜色即可稳定。

3. 如测定清洁水样，显色剂可按以下方法配制：溶解 0.2 g 二苯碳酸二肼于 100 mL 95% 的乙醇中，边搅拌边加入（1+9）硫酸 400 mL。该溶液在冰箱中可存放一个月。用此显色剂，在显色时直接加入 2.5 mL 即可，不必再加酸。但加入显色剂后，要立即摇匀以免 Cr^{6+} 可能被乙醇还原。

【小知识】

铬是人体必需的微量元素之一，在机体的糖代谢和脂代谢中发挥特殊作用。人体内约含铬 6 mg，几乎都是三价且很稳定，广泛存在于骨骼、肌肉、头发、皮肤、皮下组织、主要器官（肺除外）和体液之中。人体对无机铬的吸收利用率极低，<1%；对有机铬的利用率可达 10%~25%。正常成人需求量为 20~50 μg/d，儿童、孕妇和老人为 50~110 μg/d，糖尿病患者和肥胖人群为 50~200 μg /d。铬在天然食品中的含量较低、均以三价的形式存在。

Cr^{6+} 被列为一级有毒物质，Cr^{6+} 的化合物可产生致癌作用。人体吸入高浓度 Cr^{6+} 化合物，会引起鼻出血、瘙痒、流鼻涕等症状；大剂量接触 Cr^{6+} 化合物，会在接触部位出现包括溃疡和黏膜刺激等不良后果；摄入超大剂量的 Cr^{6+} 会导致内脏损伤及死亡。此外，在人体的生理 pH 范围内，Cr^{6+} 比 Cr^{3+} 更容易进入细胞中，然后与细胞内的还原性物质相互作用，这个过程中产生的多种中间产物可以和 DNA 反应而造成 DNA 的解旋或者断裂。

【参考文献】

［1］国家环境保护局. 水质 六价铬的测定 二苯碳酰二肼分光光度法：GB/T 7467－1987[S].

［2］国家环境保护局 . 水质 总铬的测定：GB/T 7466－1987[S].

［3］国家环境保护总局《水和废水监测分析方法》编委会 . 水和废水监测分析方法 .4 版 [M]. 北京：中国环境科学出版社 , 2002.

［4］国家环境保护总局 . 地表水和污水监测技术规范：HJ/T 91—2002[S].

［5］环境保护部 . 水质采样 样品的保存和管理技术规定：HJ 493－2009[S].

［6］国家环境保护总局，国家质量监督检验检疫总局 . 地表水环境质量标准：GB 3838－2002[S].

实验十一　水体粪大肠菌群的测定

　　总大肠菌群是指能在37 ℃、48 h之内发酵乳糖产酸、产气的，需氧或兼性厌氧的革兰氏阴性的无芽孢杆菌。大肠菌群体外存活时间与肠道致病菌相近，且检验方法比较简便，故被作为天然水体中检验肠道致病菌的指示菌。粪大肠菌群是总大肠菌群中的一部分，主要来自粪便。在44.5 ℃下能生长并发酵乳糖产酸、产气的大肠菌群称为粪大肠菌群。水中大肠菌群数量的多少，能够表明水体被粪便污染的程度，并间接地表明有肠道致病菌存在的可能性。因此总大肠菌群是评价饮用水水质的重要指标，具有广泛的卫生学意义。我国《生活饮用水卫生标准》（GB 5749—2006）规定每升自来水中大肠菌群不得检出。水中的粪大肠菌群可采用多管发酵法或滤膜法进行检验。多管发酵法使用历史较久，为我国大多数卫生单位与水厂所采用；滤膜法是一种快速的替代方法，而且结果重复性好，又能测定大体积的水样，目前国内很多城市的水厂采用此法。

【实验目的】

1. 认识水体微生物评价指标。
2. 掌握有关微生物实验的基本原理。
3. 熟练掌握多管发酵法测定水体粪大肠菌群的原理和方法。

4.了解测定水体中微生物的意义。

【实验原理】

将样品加入含乳糖蛋白胨培养基的试管中，37 ℃初发酵富集培养，大肠菌群在培养基中生长繁殖，分解乳糖产酸产气，产生的酸使溴甲酚紫指示剂由紫色变为黄色，产生的气体进入倒管中，指示产气。44.5 ℃复发酵培养，培养基中的胆盐三号可抑制革兰氏阳性菌的生长，最后产气的细菌确定为粪大肠菌群。通过查 MPN 表，得出粪大肠菌群浓度值。

【实验设备与材料】

一、实验仪器与设备

1.采样瓶：500 mL 带螺旋帽或磨口塞的广口玻璃瓶。

2.高压蒸汽灭菌器：115 ℃、121 ℃可调。

3.恒温培养箱或水浴锅：允许温度偏差 37 ± 0.5 ℃、44 ± 0.5 ℃。

4.pH 计：准确到 0.1 pH 单位。

5.接种环：直径 3 mm。

6.试管：300 mL、50 mL、20 mL。

7.一般实验室常用仪器和设备。

二、实验材料与试剂

1.乳糖蛋白胨培养基：将 10 g 蛋白胨、3 g 牛肉浸膏、5 g 乳糖和 5 g 氯化钠加热溶解于 1000 mL 蒸馏水中，调节溶液 pH 为 7.2~7.4，再加入 1.6% 溴甲酚紫乙醇溶液 1 mL，充分混匀，分装于含有倒置小玻璃管的试管中，于 115 ℃ 高压蒸汽灭菌 20 min，储存于冷暗处备用。也可选用市售成品培养基。

2. 三倍浓缩乳糖蛋白胨培养基：称取三倍的乳糖蛋白胨培养基成分的量，溶于 1000 mL 水中，配成三倍乳糖蛋白胨培养基，配制方法同上。

3. EC 培养基：称取 20 g 胰胨、5 g 乳糖、1.5 g 胆盐三号、4 g 磷酸氢二钾、1.5 g 磷酸二氢钾、5 g 氯化钠加热溶解于 1000 mL 水中，然后分装于有玻璃倒管的试管中，115 ℃ 高压蒸汽灭菌 20 min，灭菌后的 pH 应在 6.9 左右。

4. 无菌水：取适量实验用水，经 121 ℃ 高压蒸汽灭菌 20 min，备用。

5. 硫代硫酸钠（$Na_2S_2O_3 \cdot 5H_2O$）。

6. 乙二胺四乙酸二钠（$C_{10}H_{14}N_2O_8Na_2 \cdot 2H_2O$）。

7. 硫代硫酸钠溶液：ρ（$Na_2S_2O_3$）=0.10 g/mL。称取 15.7 g 硫代硫酸钠，溶于适量水中，定容至 100 mL，临用现配。

8. 乙二胺四乙酸二钠溶液：ρ（$C_{10}H_{14}N_2O_8Na_2 \cdot 2H_2O$）=0.15 g/mL。称取 15 g 乙二胺四乙酸二钠溶于适量水中，定容至 100 mL，此溶液可保存 30 d。

备注：在密封瓶中的培养基成品应存放在大气湿度低、温度低于 30 ℃ 的暗处，存放时应避免阳光照射，并且要避免杂菌侵入和液体蒸发。当培养液颜色变化或体积变化明显时应废弃不用。

【实验步骤】

一、样品采集与保存

采集微生物样品时，采样瓶不得用样品洗涤，采集样品于灭菌的采样瓶中。样品采集量可根据水体实际情况而定，一般不少于 250 mL。

1. 采集自来水：从龙头装置采集样品时，不要选用漏水龙头，采水前将龙

头打开至最大，放水 3~5 min，然后将龙头关闭，用火焰灼烧 3 min 灭菌或用 70%~75% 的酒精对龙头进行消毒，开足龙头，再放水 1 min，以充分除去水管中的滞留杂质。采样时控制水流速度，小心接入瓶内。

2. 采集池水、河水或湖水：采集河流、湖库等地表水样品时，可握住瓶子下部直接将带塞采样瓶插入水中，约距水面 10~15 cm 处，瓶口朝水流方向，拔瓶塞，使样品灌入瓶内然后盖上瓶塞，将采样瓶从水中取出。如果没有水流，可握住瓶子水平向前推。采样量一般为采样瓶容量的 80% 左右。样品采集完毕，迅速扎上无菌包装纸。

样品采集后应在 2 h 内检测，否则，应在 10℃ 以下冷藏但不得超过 6 h。

二、样品稀释及接种

将水样充分混匀后，根据水样的污染程度确定水样接种量。每个样品至少用 3 个不同的水样量接种，同一接种水样量要有 5 管（15 管法）。将样品充分混匀后，在 5 支装有已灭菌的 5 mL 三倍乳糖蛋白胨培养基的试管中（内有倒管），按无菌操作要求各加入样品 10 mL；在 5 支装有已灭菌的 10 mL 单倍乳糖蛋白胨培养基的试管中（内有倒管），按无菌操作要求各加入样品 1 mL；在 5 支装有已灭菌的 10 mL 单倍乳糖蛋白胨培养基的试管中（内有倒管），按无菌操作要求各加入样品 0.1 mL。

对于受到污染的样品，先将样品稀释后再按照上述操作接种，以生活污水为例，先将样品稀释 10^4 倍，然后按照上述操作步骤分别接种 10 mL、1 mL 和 0.1 mL。15 管法样品接种量参考见表 2-13。

当样品接种量小于 1 mL 时，应将样品制成稀释样品后使用。按无菌操作要求方式吸取 10 mL 充分混匀的样品，注入盛有 90 mL 无菌水的三角烧瓶中，混匀成 1:10 稀释样品。吸取 1:10 的稀释样品 10 mL 注入盛有 90 mL 无菌水的三角烧瓶中，混匀成 1:100 稀释样品。其他样品接种量的稀释样品以此类推。

表 2-13　15 管法样品接种量参考表

样品类型		接种量 /mL						
		10	1	0.1	10^{-2}	10^{-3}	10^{-4}	10^{-5}
地表水	水源水	▲	▲	▲				
	湖泊（水库）	▲	▲	▲				
	河流		▲	▲	▲			
废水	生活污水					▲	▲	▲
	工业废水　处理前					▲	▲	▲
	工业废水　处理后	▲	▲	▲				
地下水		▲	▲	▲				

来源：生态环境部 . 水质 粪大肠菌群的测定 多管发酵法：HJ/T 347.2—2018[S].

三、初发酵试验

将接种后的试管，在 37 ±0.5 ℃下培养 24 ±2 h。

发酵试管颜色变黄为产酸，小玻璃倒管内有气泡为产气。产酸和产气的试管表明试验阳性。如在倒管内产气不明显，可轻拍试管，有小气泡升起的为阳性。

四、复发酵试验

轻微振荡在初发酵实验中显示为阳性或疑似阳性（只产酸未产气）的试管，用经火焰灼烧灭菌并冷却后的接种环将培养物分别转接到装有 EC 培养基的试管中。在 44.5 ±0.5 ℃下培养 24 ±2 h。转接后所有试管必须在 30 min 内放进恒温培养箱或者水浴锅中。培养后立即观察，倒管中产气证实为粪大肠菌群阳性。

五、对照试验

1. 空白对照：每次实验都要用无菌水按照上述步骤进行实验室空白测定。

2. 阳性及阴性对照：将大肠菌群的阳性菌株（如大肠埃希氏菌 *Escherichia coli*）和阴性菌株（如产气肠杆菌 *Enterobacter aerogenes*）制成浓度为 300~3000 MPN/L 的菌悬液，分别取相应体积的菌悬液按接种的要求接种于试管中，然后按初发酵试验和复发酵试验要求培养，阳性菌株应呈现阳性反应，阴性菌株应呈现阴性反应，否则，该次样品测定结果无效，应查明原因后重新测定。

六、结果计算

查找附录得到 MPN 值，再按照如下公式换算样品中粪大肠菌群数（MPN/L）：

$$C = \frac{\text{MPN 值} \times 100}{f}$$

式中，C—样品中粪大肠菌群数，MPN/L；MPN 值—每 100 mL 样品中粪大肠菌群数，MPN/100 mL；100—为 10 mL × 10 mL，其中 10 将 MPN 值的单位 MPN/100 mL 转换为 MPN/L，10 mL 为 MPN 表中最大接种量；f—实际样品最大接种量，mL。

测定结果保留至整数位，最多保留两位有效数字，当测定结果 ≥ 100 MPN/L 时，以科学技术法表示；当测定结果低于检出限时，以"未检出"或"< 20 MPN/L"表示。

【质量控制与质量保证】

1. 培养基检验：更换不同批次培养基时要进行阳性和阴性菌株检验，将粪大肠菌群的阳性菌株（如大肠埃希氏菌菌 *Escherichia coli*）和阴性菌株（如产气肠杆菌 *Enterobacter aerogenes*）制成浓度为 300~3000 MPN/L 的菌悬液。若使用的是定性标准菌株，配制方法为先进行预实验，摸清浓度后按目标为 300~3000 MPN/L 稀释；若实验的是定量标准菌株，则可按照给定值直接稀释。稀释后分别取相应水量的菌悬液按接种要求接种于试管中，然后按初发酵试验和复发酵试验要求培养，阳性菌株应呈现阳性反应，阴性菌株应呈现阴性反应。否则，该次样品测定结果无效，应查明原因后重新测定。

2. 每次实验都要用无菌水做实验室空白测定，培养后的试管中不得有任何变色反应。否则，该次样品测定结果无效，应查明原因后重新测定。

【思考题】

1. 测定粪大肠菌群数有何实际意义？为什么选用大肠菌群作为水的卫生指标？

2. 查阅文献资料，了解滤膜法测定粪大肠菌群，并比较两种方法的特点。

【常见问题】

1. 采样：采样瓶应经高压或干热灭菌处理后方可使用；样品含有活性氯会破坏微生物细胞内的酶活性，导致细胞死亡，可在样品采集时加入 10% 的硫代硫酸钠溶液消除干扰；样品含较高的铜锌等重金属会破坏微生物细胞内的酶活性，导致细胞死亡，可在采样瓶灭菌前应加入螯合剂，即于 500 mL 采样瓶中加入 1.0 mL 15% 乙二胺四乙酸二钠 $Na_2(EDTA)$ 溶液。采样时，采样瓶不得用水样荡洗。

2. 灭菌：灭菌器内加入一定量的水，将用防水纸包扎好的物品放入其中。接通电源，进行加热。排除高压锅内的冷空气，可将排气阀打开，待排出大气后关闭排气阀；或关闭排气阀，待压力上升到 0.5 kg/cm^2 时再打开排气阀，待压力回复到 0 时再关闭排气阀。当压力达 15 bl/in^2（即 1.05 kg/cm^2）时，此时灭菌器内的温度为 121 ℃，维持 30 min。对热不稳定的培养基如含有葡萄糖、氨基酸等物时，应适当降低压力，延长时间。灭菌时间一到，切断电源，待压力降至零时，才能打开排气阀，然后打开灭菌器盖，取出物品。

3. 使用后的废物及器皿须经 121 ℃高压蒸汽灭菌 30 min 或使用液体消毒剂（自制或市售）灭菌。灭菌后方可清洗，废物作为一般废物处置。

〔小知识〕

总大肠菌群是指一群在 37 ℃培养 24 h 和 48 h 后，能发酵乳糖并产酸产气的革兰氏阴性无芽孢杆菌。大肠菌群并非细菌学分类命名，而是卫生细菌领域的用语，它不代表某一个或某一属细菌，而是指具有某些特性的一组与粪便污染有关的细菌，这些细菌在生化及血清学方面并非完全一致。一般认为该菌群细菌包括大肠埃希氏菌、柠檬酸杆菌、产气克雷白氏菌和阴沟肠杆菌等。

大肠菌群是作为粪便污染指标提出来的，主要是以该菌群的检出情况来表示食品中有否粪便污染。大肠菌群数的高低，表明粪便污染的程度，也反映对人体健康危害性的大小。粪便是人类肠道排泄物，其中有健康人粪便，也有肠道疾病患者或带菌者的粪便，所以粪便内除一般正常细菌外，同时也会有一些肠道致病菌存在（如沙门氏菌、志贺氏菌等），因而水体中有粪便污染，则可以推测该水体中存在着肠道致病菌污染的可能性，潜伏着食物中毒和流行病的威胁，必须看作对人体健康具有潜在的危险性。关于总大肠菌群的一些指标如表 2-14~表 2-16 所示。

表 2-14　总大肠菌群地下水质量分类指标（GB/T 14848—93）

水质类别	Ⅰ类	Ⅱ类	Ⅲ类	Ⅳ类	Ⅴ类
标准值（MPN/100 mL 或 CFU/100 mL）	0.001	0.005	0.005	0.005	0.01

表 2-15　总大肠菌群生活饮用水卫生标准（GB 5749—2006）

类别	饮用水（MPN/100 mL 或 CFU/100 mL）
标准值	不得检出

表 2-16　总大肠菌群渔业水质标准（GB 11607—89）

类别	贝类养殖	一般渔业用水
标准值（个/L）	≤ 500	≤ 5000

【参考文献】

［1］生态环境部 . 水质 粪大肠菌群的测定 多管发酵法 : HJ/T 347.2－2018[S].

［2］卫生部，国家标准化管理委员会 . 生活饮用水标准检验方法 微生物指标 : GB/T 5750.12－2006[S].

附表　15 管法最可能数（MPN）表

（接种 5 份 10 mL 水样、5 份 1 mL 水样、5 份 0.1 mL 水样时，不同阳性及阴性情况下 100 mL 水样中细菌数的最可能数和 95% 可信限值）

出现阳性管数			每 100mL 水样中细菌数的最大概率数	95% 可信限值		出现阳性管数			每 100 mL 水样中细菌数的最大概率数	95% 可信限值	
10 mL 管	1 mL 管	0.1 mL 管		下限	上限	10 mL 管	1 mL 管	0.1 mL 管		下限	上限
0	0	0	<2			2	0	1	7	1	17
0	0	1	2	<0.5	7	2	1	0	7	1	17
0	1	0	2	<0.5	7	2	1	1	9	2	21
0	2	0	4	<0.5	11	2	2	0	9	2	21
1	0	0	2	<0.5	7	2	3	0	12	3	28
1	0	1	4	<0.5	11	3	0	0	8	1	19
1	1	0	4	<0.5	11	3	0	1	11	2	25
1	1	1	6	<0.5	15	3	1	0	11	2	25
1	2	0	6	<0.5	15	3	1	1	14	4	34
2	0	0	5	<0.5	13	3	2	0	14	4	34
3	2	1	17	5	46	5	2	0	49	17	130
3	3	0	17	5	46	5	2	1	70	23	170
4	0	0	13	3	31	5	2	2	94	28	220
4	0	1	17	5	46	5	3	0	79	25	190
4	1	0	17	5	46	5	3	1	110	31	250
4	1	1	21	7	63	5	3	2	140	37	340
4	1	2	26	9	78	5	3	3	180	44	500
4	2	0	22	7	67	5	4	0	130	35	300
4	2	1	26	9	78	5	4	1	170	43	490
4	3	0	27	9	80	5	4	2	220	57	700
4	3	1	33	11	93	5	4	3	280	90	850
4	4	0	34	12	93	5	4	4	350	120	1000
5	0	0	23	7	70	5	5	0	240	68	750
5	0	1	34	11	89	5	5	1	350	120	1000
5	0	2	43	15	110	5	5	2	540	180	1400
5	1	0	33	11	93	5	5	3	920	300	3200
5	1	1	46	16	120	5	5	4	1600	640	5800
5	1	2	63	21	150	5	5	5	≥ 2400		

实验十二　水体多环芳烃的测定（高效液相色谱法）

　　多环芳烃（PAHs）是由两个以上的苯环以线性排列、弯接或簇聚的方式构成的一类有机污染物，是煤、石油、煤焦油等有机化合物的热解或不完全燃烧产物，具有致畸、致癌、致突变和难生物降解的特性。1976 年美国环境保护署提出的 129 种"优先污染物"中，多环芳烃化合物有 16 种，包括萘、二氢苊、苊、芴、菲、蒽、荧蒽、芘、苯并 [a] 蒽、䓛、苯并 [b] 荧蒽、苯并 [k] 荧蒽、苯并 [a] 芘、二苯并 [a, h] 蒽、苯并 [g,h,i] 苝、茚并 [1,2,3-c,d] 芘。我国各大水系中都有多环芳烃检出的报道，控制和监测环境介质中 PAHs 是现阶段我国环境治理的重要工作之一。目前，常用的多环芳烃检测技术有高效液相色谱法、气相色谱法、气相色谱 – 质谱法和荧光光谱法等。其中，高效液相色谱法的优势是不需要高温气化，化合物在进样口不易被分解破坏，特别是四环以上多环芳烃化合物在荧光检测器上有很灵敏的反应，检出限可达 ppt 级。

【实验目的】

1. 了解高效液相色谱仪的原理和使用方法。
2. 掌握高效液相色谱法测定多环芳烃的基本原理和方法。
3. 掌握水体多环芳烃样品的前处理方法。

【实验原理】

液液萃取法：适用于饮用水、地下水、地表水、工业废水及生活污水中多环芳烃的测定。用正己烷或二氯甲烷萃取水样中多环芳烃（PAHs），萃取液经硅胶或氟罗里硅土柱净化，用二氯甲烷和正己烷的混合溶剂洗脱，洗脱液浓缩后，用具有荧光/紫外检测器的高效液相色谱仪分离检测。

固相萃取法：适用于清洁水样中多环芳烃的测定。采用固相萃取技术富集水样中多环芳烃（PAHs），用二氯甲烷洗脱，洗脱液浓缩后，用具有荧光/紫外检测器的高效液相色谱仪分离检测。

【实验设备与材料】

一、实验仪器与设备

1. 高效液相色谱仪：配备可调波长的紫外检测器或荧光检测器，具有梯度洗脱功能。

2. 色谱柱：填料为 5 μm ODS（十八烷基硅烷键合硅胶），柱长 25 cm，内径 4.6 mm 的反相色谱柱或其他性能相近的色谱柱。

3. 采样瓶：1 L 或 2 L 具磨口塞的棕色玻璃细口瓶。

4. 分液漏斗：2000 mL，玻璃活塞不涂润滑油或聚四氟乙烯活塞。

5. 浓缩装置：旋转蒸发装置或 K-D 浓缩器、浓缩仪等性能相当的设备。

6. 液液萃取净化装置。

7. 自动固相萃取仪或固相萃取装置：固相萃取装置由固相萃取柱、分液漏斗、抽滤瓶和泵组成。

8. 干燥柱：长 250 mm，内径 10 mm，玻璃活塞不涂润滑油或聚四氟乙烯活塞的玻璃柱。在柱的下端，放入少量玻璃棉或玻璃纤维滤纸，加入 10 g 无水硫酸钠。

二、实验材料与试剂

1. 乙腈（CH_3CN）：液相色谱纯。

2. 正己烷（C_6H_{14}）：液相色谱纯。

3. 二氯甲烷（CH_2Cl_2）：液相色谱纯。

4. 甲醇（CH_3OH）：液相色谱纯。

5. 硫代硫酸钠（$Na_2S_2O_3 \cdot 5H_2O$）。

6. 无水硫酸钠（Na_2SO_4）：在 400 ℃下烘烤 2 h，冷却后，储于磨口玻璃瓶中密封保存。

7. 氯化钠（NaCl）：在 400 ℃下烘烤 2 h，冷却后，储于磨口玻璃瓶中密封保存。

8. 多环芳烃标准储备液：ρ=200 mg/L 含 16 种多环芳烃的乙腈溶液，包括萘、二氢苊、苊、芴、菲、蒽、荧蒽、芘、苯并 [a] 蒽、䓛、苯并 [b] 荧蒽、苯并[k]荧蒽、苯并[a]芘、二苯并[a, h]蒽、苯并[g,h,i]苝、茚并[1,2,3-c,d]芘。储备液于 4 ℃以下冷藏。

9. 多环芳烃标准使用液：ρ=20.0 mg/L。移取 1.0 mL 多环芳烃标准储备液于 10 mL 容量瓶中，用乙腈稀释并定容至刻度，摇匀。在 4 ℃下冷藏。

10. 十氟联苯（$C_{12}F_{10}$）：纯度为 99%，样品萃取前加入，用于跟踪样品前处理的回收率。

11. 十氟联苯标准储备液：ρ=1000 μg/mL。称取十氟联苯 0.025 g，用乙腈溶解并定容至 25 mL 容量瓶中，摇匀。在 4 ℃下冷藏。

12. 十氟联苯标准使用液：ρ=40.0 μg/mL。移取 1.0 mL 十氟联苯标准储备液于 25 mL 容量瓶中，用乙腈稀释并定容至刻度，摇匀。在 4 ℃下冷藏。

13. 淋洗液:(1+1)二氯甲烷 - 正己烷混合溶液，用二氯甲烷和正己烷按 1:1 的体积比混合。

14. 硅胶柱：1000 mg/6.0 mL。

15. 氟罗里硅土柱：1000 mg/6.0 mL。

16. 固相萃取柱：C_{18}，1000 mg/6.0 mL；或固相萃取圆盘等具有同等萃取性能的物品。

17. 玻璃棉或玻璃纤维滤膜：在 400 ℃下加热 1 h，冷却后置于磨口玻璃瓶中密封保存。

18. 氮气：纯度 ≥ 99.999 %，用于样品的干燥浓缩。

【实验步骤】

一、样品的采集与保存

样品必须采集在预先洗净烘干的棕色玻璃细口采样瓶中，采样前不能用水样预洗采样瓶，以防止样品的沾染或吸附。采样瓶要完全注满，不留气泡。若水中有残余氯存在，可在每升水中加入 80 mg 硫代硫酸钠除氯。

样品采集后应避光于 4 ℃以下冷藏，在 7 d 内萃取，萃取后的样品应避光于 4 ℃以下冷藏，在 40 d 分析完毕。

二、样品预处理

1. 液液萃取：摇匀水样，量取 1000 mL 水样（萃取所用水样体积根据水质情况可适当增减）于 2000 mL 分液漏斗中，加入 50 μL 浓度为 40 μg/mL 十氟联苯标准使用溶液，加入 30 g 氯化钠，再加入 50 mL 二氯甲烷或正己烷，振摇 5 min，静置分层，收集有机相，置于 250 mL 接收瓶中，重复萃取两遍，合并有机相，加入无水硫酸钠至有流动的无水硫酸钠存在。放置 30 min，脱水干燥。

（1）浓缩：用浓缩装置把萃取液浓缩至 1 mL，待净化。如萃取液为二氯甲烷，浓缩至 1 mL，加入适量正己烷至 5 mL，重复此浓缩过程 3 次，最后浓缩至 1 mL，待净化。

（2）净化：用 1 g 硅胶柱或氟罗里硅土柱作为净化柱，将其固定在液液萃取净化装置上。先用 4 mL 淋洗液冲洗净化柱，再用 10 mL 正己烷平衡净化柱（当 2 mL 正己烷流过净化柱后，关闭活塞，使己烷在柱中停留 5 min）。将浓缩后的样品溶液加到柱上，再用约 3 mL 正己烷分 3 次洗涤装样品的容器，将洗涤液一并加到柱上，弃去流出的溶剂。被测定的样品吸附于柱上，用 10 mL（1+1）二氯甲烷 / 正己烷洗涤吸附有样品的净化柱，收集洗脱液于浓缩瓶中（当 2 mL 洗脱液流过净化柱后关闭活塞，让洗脱液在柱中停留 5 min）。浓缩至 0.5~1.0 mL，加入 3 mL 乙腈，再浓缩至 0.5 mL 以下，最后准确定容至 0.5 mL 待测。

对于饮用水和地下水的萃取液可不经过柱净化，转换溶剂至 0.5 mL，直接进行 HPLC 分析。

2. 固相萃取：将固相萃取 C_{18} 柱安装在自动固相萃取仪上，连接好固相萃取装置。

（1）活化柱子：先用 10 mL 二氯甲烷预洗 C_{18} 柱，使溶剂流净。接着用 10 mL 甲醇分两次活化 C_{18} 柱，再用 10 mL 水分两次活化 C_{18} 柱，在活化过程中，不要让柱子流干。

（2）样品的富集：在 1000 mL 水样（富集所用水样体积根据水质情况可适当增减）中加入 5 g 氯化钠和 10 mL 甲醇，加入 50 μL 浓度为 40 μg/mL 的十氟联苯标准使用液，混合均匀后以 5 mL/min 的流速流过已活化好的 C_{18} 柱。

（3）干燥：用 10 mL 水冲洗 C_{18} 柱后，真空抽滤 10 min 或用氮气吹 C_{18} 柱 10 min，使柱干燥。

（4）洗脱：用 5 mL 二氯甲烷洗脱浸泡 C_{18} 柱，停留 5 min 后，再用 5 mL 二氯甲烷以 2 mL/min 的速度洗脱 C_{18} 柱，收集洗脱液。

（5）脱水：先用 10 mL 二氯甲烷预洗干燥柱，加入洗脱液后，再加 2 mL 二氯甲烷洗柱，用浓缩瓶收集流出液。浓缩至 0.5~1.0 mL，加入 3 mL 乙腈，再浓缩至 0.5 mL 以下，最后准确定容至 0.5 mL 待测。

三、高效液相色谱仪测试条件（推荐）

1. 色谱条件梯度洗脱程序 I：65% 乙腈 +35% 水，保持 27 min；以 2.5% 乙腈 /min 的增量至 100% 乙腈，保持至出峰完毕。流动相流量：1.2 mL/min。或梯度洗脱程序 II：80% 甲醇 +20% 水，保持 20 min；以 1.2% 甲醇 /min 的增量至 95% 甲醇 +5% 水，保持至出峰完毕。流动相流量：1.0 mL/min。

2. 检测器：紫外检测器的波长：254 nm、220 nm 和 295 nm；荧光检测器的波长：激发波长 λ_{ex} 为 280 nm，发射波长 λ_{em} 为 340 nm。20 min 后 λ_{ex} 为 300 nm，λ_{em} 为 400 nm、430 nm 和 500 nm。

16 种多环芳烃在紫外检测器上对应的对打吸收波长及在荧光检测器特定的条件下最佳的激发和发射波长见表 2-17。

表 2-17　用紫外和荧光检测多环芳烃时对应的波长（单位：nm）

序号	组分名称	最大紫外吸收波长	激发波长 λ_{ex}	发射波长 λ_{em}
1	萘	219	275	350
2	苊	228	-	-
3	芴	210	275	350
4	二氢苊	225	275	350
5	菲	251	275	350
6	蒽	251	260	420
7	荧蒽	232	270	440
8	芘	238	270	440
9	䓛	267	260	420
10	苯并 [a] 蒽	287	260	420
11	苯并 [b] 荧蒽	258	290	430
12	苯并 [k] 荧蒽	240	290	430
13	苯并 [a] 芘	295	290	430
14	二苯并 [a, h] 蒽	296	290	430
15	苯并 [g,h,i] 苝	210	290	430
16	茚并 [1,2,3-c,d] 芘	251	250	500
17	十氟联苯（回标）	228	—	—

来源：环境保护部. 水质 多环芳烃的测定 液液萃取和固相萃取高效液相色谱法：HJ 478－2009[S].

四、校准曲线的绘制

取一定量多环芳烃标准使用液和十氟联苯标准使用液于乙腈中，制备至少 5 个浓度点的标准系列，多环芳烃质量浓度分别为 0.1 μg/mL、0.5 μg/mL、1.0 μg/mL、5.0 μg/mL、10.0 μg/mL（此为参考浓度），储存在棕色小瓶中，于冷暗处存放。

通过自动进样器或样品定量环分别移取 5 种浓度的标准使用液 10 μL，注入液相色谱仪，得到各不同浓度的多环芳烃的色谱图。以峰高或峰面积为纵坐标，浓度为横坐标，绘制标准曲线。标准曲线的相关系数应 >0.999，否则重新绘制标准曲线。

不同填料的色谱柱，化合物出峰的顺序有所不同。图 2-11 为在本实验规定的色谱条件 I 下，两种不同检测器串联的 17 种多环芳烃标准色谱图。

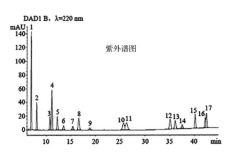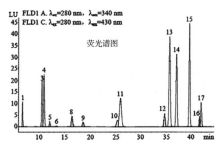

1—萘；2—苊；3—芴；4—二氢苊；5—菲；6—蒽；7—十氟联苯；8—荧蒽；9—芘；10—䓛；
11—苯并 [a] 蒽；12—苯并 [b] 荧蒽；13—苯并 [k] 荧蒽；14—苯并 [a] 芘；15—二苯并 [a,h] 蒽；
16—苯并 [g,h,i] 苝；17—茚并 [1,2,3,-c,d] 芘

图 2-11　17 种多环芳烃标样的紫外谱图和荧光谱图

来源：环境保护部 . 水质 多环芳烃的测定 液液萃取和固相萃取高效液相色谱法：HJ 478－2009[S].

五、样品的测定

取 10 μL 待测样品注入高效液相色谱仪中。记录色谱峰的保留时间和峰高（或峰面积）。

六、空白实验

在分析样品的同时，应做空白实验，即用蒸馏水代替水样，按与样品测定相同步骤分析，检查分析过程中是否有污染。

七、结果处理

按下式计算样品中多环芳烃的质量浓度：

$$\rho_i = \frac{\rho_{xi} V_1}{V}$$

式中，ρ_i—样品中组分 i 的质量浓度，μg/L；ρ_{xi}—从标准曲线中查得组分 i 的质量浓度，mg/L；V_1—萃取液浓缩后的体积，μL；V—水样体积，mL。

【质量控制与质量保证】

1. 空白测试：每批试剂均应分析试剂空白；每分析一批样品至少做一个空白实验。空白实验测试结果应低于方法检出限。

2. 加标回收：每批样品均应做一个空白加标，各组分的回收率在 60%~120%。

3. 十氟联苯：回收率在 50%~130%。

4. 选择曲线中间点进行连续校准，各组分连续校准的相对偏差应 ≤ 10%。

【思考题】

1. 实验过程中哪些步骤会引入误差，如何避免？
2. 查阅文献资料，PAHs 的富集浓缩有哪些方法，各自的优缺点是什么？
3. 查阅文献资料，了解 PAHs 的其他测试方法。

【常见问题】

1. 在萃取过程中出现乳化现象时，可采用搅动、离心、用玻璃棉过滤等方法破乳，也可采用冷冻的方法破乳。

2. 在样品分析时，若预处理过程中溶剂转换不完全（即有残存正己烷或二氯甲烷），会出现保留时间漂移、峰变宽或双峰的现象。

3. 部分多环芳烃属于强致癌物，操作时应按规定要求佩戴防护器具，避免接触皮肤和衣服。溶液配制及样品预处理过程应在通风柜内操作。

【小知识】

PAHs 为结晶结构，大多数呈无色或淡黄色，个别具深色。发生化学反应时，一般多通过亲电取代反应形成衍生物并代谢为最终致癌物的活泼形式，进一步通过 DNA 复制过程中碱基的错配诱发细胞的癌变反应，对人体健康构成极大的威胁。

PAHs 的来源分为自然源和人为源。自然源为陆地、水生植物和微生物的生物合成过程，此外，（森林、草原等的）天然火灾、火山喷发物、化石燃料、

木质素和底泥中也存在 PAHs；人为源主要是由各种矿物燃料（如煤、石油和天然气等）、木材、纸以及其他含碳氢化合物的不完全燃烧或通过在还原条件下热解形成的。比较有趣的科学研究还表明，烧烤也会产生一定量的 PAHs，并通过皮肤和呼吸吸入进入体内。

PAHs 性质极其稳定，一般在环境中以吸附态和乳化态形式存在。PAHs 具有较高的脂溶性，伴随表面吸收和取食过程进入动物体内后可储存在脂肪性组织中，不易分解和排除。因此，PAHs 会随着食物链在生物体内逐级传递，体现出极高的生物富集效应。此外，PAHs 可通过挥发、海洋飞沫等一系列过程完成长距离的迁移和运输，其污染具有一定的全球效应。在环境条件改变时，PAHs 类物质可在水、气、泥三相之间发生复杂的迁移转化，难以通过生物降解的方式排出环境体系。

【参考文献】

［1］环境保护部 . 水质 多环芳烃的测定 液液萃取和固相萃取高效液相色谱法：HJ 478－2009[S].

［2］国家环境保护总局《水和废水监测分析方法》编委会 . 水和废水监测分析方法 .4 版 [M]. 北京：中国环境科学出版社 , 2002.

［3］国家环境保护总局 . 地表水和污水监测技术规范：HJ/T 91—2002[S].

第三部分

土壤监测

实验一　土壤样品的采集

　　土壤是连续覆被于地球陆地表面、具有肥力的疏松物质，是随着气候、生物、母质、地形和时间因素变化而变化的历史自然体。受自然和人类活动的影响，内在或外显的土壤状况称之为土壤环境。

　　土壤监测包括土壤环境质量的现状调查、区域土壤环境背景值的调查、土壤污染事故调查和污染土壤的动态观测。监测的步骤一般包括准备、布点、采样、制样、分析测试、评价以及质量保证等。样品采集和处理是土壤分析工作的一个重要环节，采集代表性的样品，是测定结果如实反映土壤环境状况的先决条件。土壤采样误差通常比分析误差高得多，如果采集的样品没有代表性，任何精密仪器和熟练的分析技术都将毫无意义。因此，分析结果能否说明问题，关键在于样品的采集和处理。

【实验目的】

1. 掌握土壤监测方案的制订。
2. 熟练掌握土壤样品采集和测定的原则、方法及注意事项。
3. 根据监测目的与要求，掌握土壤样品的保存、制备及预处理方法。

【实验原理】

常见的土壤环境监测流程：采样准备—布点与样品数容量—样品采集—样品流转—样品制备—样品保存—土壤分析测定—分析记录与监测报告—土壤环境质量评价—质量保证和质量控制。样品的采集、保存与预处理是如实反映土壤环境状况的先决条件。本部分内容以农田土壤环境为例，介绍土壤样品的采集、保存及预处理方法，为后续分析检测提供技术支持。

【实验设备与材料】

1. 采样工具类：铁锹、铁铲、圆状取土钻、螺旋取土钻、竹片以及适合特殊采样要求的工具等。

2. 器材类：GPS、罗盘、照相机、胶卷、卷尺、铝盒、样品袋、样品箱等。

3. 文具类：样品标签、采样记录表、铅笔、资料夹等。

4. 安全防护用品：工作服、工作鞋、安全帽、药品箱等。

【实验步骤】

一、资料收集与现场调查

土壤野外监测前应收集监测区域相关资料，并进行现场踏勘，以对监测区域有充足的了解。收集的资料包括：① 监测区域的交通图、土壤图、地质图、大比例尺地形图等资料，供制作采样工作图和标注采样点位用；② 监测

区域土类、成土母质等土壤信息资料；③ 监测区域工农业生产及排污、污灌、化肥农药施用情况资料；④ 监测区域气候资料（温度、降水量和蒸发量）、水文资料；⑤ 监测区域遥感与土壤利用及其演变过程方面的资料；等等。

现场踏勘的目的是将调查得到的信息进行整理和利用，丰富采样工作图的内容。现场踏勘时可采集一定数量的样品进行分析测定，用于初步验证污染物空间分异性和判断土壤污染程度，为制订监测方案（选择布点方式、确定监测项目及样品数量）提供依据。

二、监测点位的布设

（一）监测单元

在进行土壤环境质量监测时，往往涉及的面积较大，加上区域内自然条件、社会条件、环境条件比较复杂，因此需要划分若干个采样单元。农田土壤环境监测按照土壤接纳污染物途径，划分为大气污染型、污水灌溉型、固体废物污染型、综合污染型等采样单元。监测单元划分要参考土壤类型、农作物种类、耕作制度、商品生产基地、保护区类型、行政区划等要素的差异，同一单元的差别应尽可能地缩小。

大气污染型土壤监测单元和固体废物污染型土壤监测单元以污染源为中心放射状布点，在主导风向和地表水的径流方向适当增加采样点（离污染源的距离远于其他点）；农用固体废物污染型土壤监测单元和农用化学物质污染型土壤监测单元采用均匀布点法；污染灌溉型土壤监测单元按水流方向采用带状布点法，采样点自纳污口起由密渐疏；综合污染型土壤监测单元布点采用综合放射状、均匀、带状布点法。

（二）采样点的布设

根据土壤自然条件及污染情况的不同，常用土壤采样点布设方法如图 3-1 所示：对角线布点法、梅花形布点法、棋盘式布点法、蛇形布点法。对角线布点法适用于面积小、地势平坦、受污水灌溉或污染的河水灌溉的田块。梅花形

布点法适用于面积较小、地势平坦、土壤分布较均匀的田块，一般设 5~10 个采样点。棋盘式布点法适用于中等面积、地势平坦、地形完整开阔，但土壤分布不均匀的田块，也适用于受固体废物污染的土壤，一般设 10~20 个采样点。

   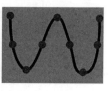

a. 对角线布点法；　　b. 梅花形布点法；　　c. 棋盘式布点法；　　d. 蛇形布点法

图 3-1　布点方法示意

来源：国家环境保护总局. 土壤环境监测技术规范：HJ/T 166—2004[S].

三、样品采集

（一）混合样品

一般了解土壤污染状况，对种植一般农作物的耕地，采集 0~20 cm 的表层（或耕作层）土壤；对种植果林类农作物的耕地，采集 0~60 cm 耕作层土壤。对多点采样的土壤样品，可将每个采样点采集的土壤混合制备成混合样品，按四分法反复弃取，留下实验室分析所需的 1~2 kg 土样。

（二）剖面样品

对特殊要求的监测（土壤背景、环境影响评价、污染事故等），必要时选择部分采样点采集剖面样品。土壤剖面示意如图 3-2 所示。剖面的规格一般长 1.5 m，宽 0.8 m，深 1.2 m。挖掘土壤剖面要使观察面向阳，表土和底土分两侧放置。一般每个剖面采集 A、B、C 三层土样。地下水位较高时，剖面挖至地下水出露时为止；山地丘陵土层较薄时，剖面挖至风化层。对 B 层发育不完整（不发育）的山地土壤，只采集 A、C 两层；干旱地区剖面发育不完善的土壤，在表土层 5~20 cm、心土层 50 cm、底土层 100 cm 左右采样。

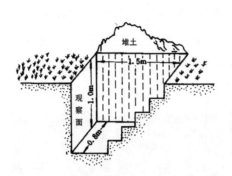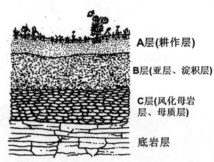

a. 土壤剖面挖掘示意　　　　b. 土壤剖面土层示意

图 3-2　土壤采样示意

来源：奚旦立．环境监测.5 版 [M]．北京：高等教育出版社，2019.

剖面每层样品采集 1 kg 左右，装入样品袋，样品袋一般由棉布缝制而成。如潮湿样品，可内衬塑料袋（供无机化合物测定）或将样品置于玻璃瓶内（供有机化合物测定）。记录现场采样状况（表 3-1）。

表 3-1　土壤现场采样记录表

采样地点		经纬度	
样品编号		采样日期	
样品类别		采样人员	
采样层次		采样深度 /cm	
样品描述	土壤颜色		植物根系	
	土壤质地		砂粒含量	
	土壤湿度		其他异物	
采样点示意图		自上而下植被描述	

注：土壤颜色可采用门塞尔比色卡比色，也可按土壤颜色三角表进行描述。颜色描述可采用双名法，主色在后，副色在前，如黄棕、灰棕等。颜色深浅还可以冠以暗、淡等形容词，如浅棕、暗灰等。

来源：国家环境保护总局．土壤环境监测技术规范：HJ/T 166—2004[S].

四、样品运输与保存

样品采集后，立即运送至实验室。运输过程中应严防样品的损失、混淆和沾污。对于易分解或易挥发等不稳定组分的样品要采取低温保存的运输方法，并尽快送到实验室分析测试。对光敏感的样品应有避光外包装。测试项目需要新鲜样品的土样，采集后用可密封的聚乙烯或玻璃容器在4℃以下避光保存，样品要充满容器。避免用含有待测组分或对测试有干扰的材料制成的容器盛装保存样品，测定有机污染物用的土壤样品要选用玻璃容器保存。

五、土壤样品的制备与保存

土壤样品的制备程序包括风干、磨碎、过筛、混合、缩分、分装，制成满足分析要求的土壤样品。

（一）土样的风干

风干应在阴凉通风处进行，将土样放置于风干盘中，摊成2~3 cm的薄层，适时地压碎、翻动，拣出碎石、砂砾、植物残体。风干切忌阳光直接暴晒，防止尘埃落入。

（二）研磨、过筛与缩分

1. 碾碎（粗磨）和初过筛：可放在木板或有机玻璃板上，用木棒或有机玻璃棒碾碎后，除去筛上的砂石和植物残体，完全通过孔径2 mm（10目）筛。

2. 缩分：粗磨后的样品全部置于无色聚乙烯薄膜上，并充分搅拌混匀，再采用四分法（图3-3）取其两份，一份保存，另一份作样品的细磨样。粗磨样可直接用于土壤pH、阳离子交换量、元素有效态含量等项目的分析。

3. 磨细和再过筛：用于细磨的样品再用四分法分成两份，一份研磨到全部过孔径0.25 mm（60目）筛，用于农药或土壤有机质、土壤全氮量等项目分析；另一份研磨到全部过孔径0.15 mm（100目）筛，用于土壤元素全量分析。

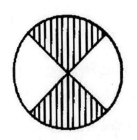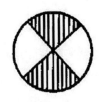

图 3-3 土壤样品四分法示意（斜线为弃去部分）

来源：奚旦立 . 环境监测 .5 版 [M]. 北京：高等教育出版社，2019.

（三）样品的保存

将过筛均匀、缩分后的土样储于洁净的玻璃或聚乙烯容器中，贴标签、密封，于常温、避光、阴凉、干燥条件下保存。

注意事项：制样过程中，采样时的土壤标签与土壤始终放在一起，严禁混错，样品名称和编码始终不变；制样工具每处理一份样品后擦抹（洗）干净，严防交叉污染；分析挥发性、半挥发性有机物或可萃取有机物无须上述制样，用新鲜样按特定的方法进行样品前处理。

六、样品预处理与分析测试

根据测试指标的要求，进行预处理与分析测试。具体测试指标见表 3-2。测试流程参见后续实验。

表 3-2 常见的土壤测试指标

项目类别		监测项目
常规项目	基本项目	pH、阳离子交换量
	重点项目	镉、铬、汞、砷、铅、铜、锌、镍、六六六、滴滴涕
特定项目（污染事故）		特征项目
选测项目	影响产量项目	全盐量、硼、氟、氮、磷、钾等
	污水灌溉项目	氰化物、六价铬、挥发酚、烷基汞、苯并 [a] 芘、有机质、硫化物、石油类等
	POPs 与高毒类农药	苯、挥发性卤代烃、有机磷农药、PCB、PAHs 等
	其他项目	结合态铝（酸雨区）、硒、钒、氧化稀土总量、钼、铁、锰、镁、钙、钠、铝、硅、放射性比活度等

【**数据处理与分析**】

　　土壤环境质量评价涉及评价因子、评价标准和评价模式。评价因子数量与项目类型取决于监测的目的及现实的经济和技术条件。评价标准常采用国家土壤环境质量标准、区域土壤背景值或部门（专业）土壤质量标准。评价模式常用污染指数法或者与其有关的评价方法。

一、污染指数、超标率（倍数）评价

　　土壤环境质量评价一般以单项污染指数为主，指数小则污染轻，指数大则污染重。当区域内土壤环境质量作为一个整体与外区域进行比较或与历史资料进行比较时，除用单项污染指数外，还常用综合污染指数。由于地区背景差异较大，用土壤污染累积指数更能反映土壤的人为污染程度。土壤污染物分担率可评价确定土壤的主要污染项目，污染物分担率由大到小排序，污染物主次也同此序。除此之外，土壤污染超标倍数、样本超标率等统计量也能反映土壤的环境状况。污染指数和超标率等计算公式如下：

　　土壤单项污染指数＝土壤污染物实测值／土壤污染物质量标准

　　土壤污染累积指数＝土壤污染物实测值／污染物背景值

　　土壤污染物分担率（％）＝（土壤某项污染指数／各项污染指数之和）×100%

　　土壤污染超标倍数＝（土壤某污染物实测值－某污染物质量标准）／某污染物质量标准

　　土壤污染样本超标率（％）＝（土壤样本超标总数／监测样本总数）×100%

二、内梅罗污染指数评价

内梅罗污染指数（P_N）=$[(P_{i均}^2+P_{i最大}^2)/2]^{1/2}$　　　（公式 3-1）

式中，$P_{i均}$ 和 $P_{i最大}$ 分别是平均单项污染指数和最大单项污染指数。

内梅罗污染指数反映了各污染物对土壤的作用，同时突出了高浓度污染物对土壤环境质量的影响，可按内梅罗污染指数划定污染等级。内梅罗污染指数评价标准见表 3-3。

表 3-3　土壤污染内梅罗污染指数评价标准

等级	内梅罗污染指数	污染等级
I	$P_N \leqslant 0.7$	清洁（安全）
II	$0.7 < P_N \leqslant 1.0$	尚清洁（警戒线）
III	$1.0 < P_N \leqslant 2.0$	轻度污染
IV	$2.0 < P_N \leqslant 3.0$	中度污染
V	$P_N > 3.0$	重污染

来源：国家环境保护总局 . 土壤环境监测技术规范：HJ/T 166—2004[S].

三、背景值及标准偏差评价

用区域土壤环境背景值（x）95% 置信度的范围（$x \pm 2s$）来评价：

若土壤某元素监测值 $x_1 < x - 2s$，则该元素缺乏或属于低背景土壤；

若土壤某元素监测值在 $x \pm 2s$，则该元素含量正常；

若土壤某元素监测值 $x_1 > x + 2s$，则土壤已受该元素污染或属于高背景土壤。

四、综合污染指数法

综合污染指数（CPI）包含土壤元素背景值、土壤元素标准尺度因素和价态效应综合影响。其表达式为

$$CPI = X \cdot (1+RPE) + Y \cdot DDMB/(Z \cdot DDSB) \qquad （公式 3-2）$$

式中，CPI 为综合污染指数，X、Y 分别为测量值超过标准值和背景值的数目，RPE 为相对污染当量，DDMB 为元素测定浓度偏离背景值的程度，DDSB 为土壤标准偏离背景值的程度，Z 为用作标准元素的数目。主要有下列计算过程：

1. 计算相对污染当量（RPE）

$$RPE = [\sum_{i=1}^{N}(C_i/C_{is})^{1/n}] / N \qquad （公式 3-3）$$

式中，N 是测定元素的数目，C_i 是测定元素 i 的浓度，C_{is} 是测定元素 i 的土壤标准值，n 为测定元素 i 的氧化数。对于变价元素，应考虑价态与毒性的关系，在不同价态共存并同时用于评价时，应在计算中注意高低毒性价态的相互转换，以体现由价态不同所构成的风险差异性。

2. 计算元素测定浓度偏离背景值的程度（DDMB）

$$DDMB = [\sum_{i=1}^{N}(C_i/C_{iB})^{1/n}] / N \qquad （公式 3-4）$$

式中，C_{iB} 是元素 i 的背景值，其余符号的意义同上。

3. 计算土壤标准偏离背景值的程度（DDSB）

$$DDSB = [\sum_{i=1}^{Z}(C_{is}/C_{iB})^{1/n}] / Z \qquad （公式 3-5）$$

式中，Z 为用于评价元素的个数，其余符号的意义同上。

4. 综合污染指数（CPI）计算。

5. 用 CPI 评价土壤环境质量指标体系（见表 3-4）进行评价。

表 3-4 综合污染指数（CPI）评价表

X	Y	CPI	评价
0	0	0	背景状态
0	≥ 1	0<CPI<1	未污染状态，数值大小表示偏离背景值相对程度
≥ 1	≥ 1	≥ 1	污染状态，数值越大表示污染程度相对严重

来源：国家环境保护总局. 土壤环境监测技术规范：HJ/T 166—2004[S].

6. 污染表征

$$_{N}T_{CPI}^{X}(a, b, c \cdots)$$

式中，X 是超过土壤标准的元素数目，a、b、c 等是超标污染元素的名称，N 是测定元素的数目，CPI 为综合污染指数。

【质量控制与质量保证】

1. 采样、制样质量控制：根据监测目的和研究区域土壤污染分布情况，合理布设采样点和确定样品数量。根据规定的要求采集土壤样品并重视样品流转程序的规范，样品制备与样品保存过程不影响样品的代表性。

2. 精密度控制：每批样品每个分析项目均须做20%平行样品；当有5个以下样品时，平行样不少于1个。可编入明码平行样或密码平行样，平行双样测定结果的误差在允许误差范围之内者为合格。

3. 土壤标准样品对照分析：使用土壤标准样品时，选择合适的标样，使标样的背景结构、组分、含量水平尽可能与待测样品一致或近似。如果与标样在化学性质和基本组成上差异很大，由于基体干扰，用土壤标样作为标定或者校正仪器的标准，有可能产生一定的系统误差。

【注意事项】

1. 采样前要对研究区域有详细的了解，条件允许的情况下应进行预采样。

2. 基于分析指标的要求，合理地选择采样设备。例如，用于分析金属含量的土壤样品，应尽可能地不用金属取样器，或弃去金属表层的土壤。

3. 对于易挥发、易分解、光敏感的样品，应注意土壤样品的保存。

4. 土壤制样过程中，制样工具每处理一份样品后擦抹（洗）干净，严防交叉污染。

【思考题】

1. 结合本部分内容，对受污染河流两侧的土壤进行布点采样。

2. 结合本部分内容，对农田土壤进行布点采样，并说明如何提高采样的代表性。

3. 如何获得土壤背景值样品？

样品的代表性和采样误差的控制

土壤的不均一性是造成采样误差的最主要原因。土壤是固、液、气三相组成的分散体系，各种外来物进入土壤后流动、迁移、混合较难，所以采集的样品往往具有局限性。一般情况下，采样误差比分析误差高得多。为保证样品的代表性，必须采取以下两个技术措施控制采样误差。

1. 采样前要进行现场勘查和有关资料的收集，根据土壤类型、肥力等级和地形等因素将研究范围划分为若干个采样单元，每个采样单元的土壤要尽可能均匀一致。

2. 要保证有足够多的采样点，使之能充分代表采样单元的土壤特性。采样点的多少，取决于研究范围的大小、研究对象的复杂程度和试验研究所要求的精密度等因素。采样点设置过少，所采样品的偶然性增加，缺乏足够的代表性；采样点设置过多，所采样品的偶然性增加，缺乏足够的代表性。

【参考文献】

［1］国家环境保护总局.土壤环境监测技术规范：HJ/T 166—2004[S].

［2］生态环境部，国家市场监督管理局.土壤环境质量 农用地土壤污染风险管控标准（试行）：GB 15618—2018[S].

［3］奚旦立.环境监测.5版[M].北京：高等教育出版社，2019.

实验二　土壤有机氯农药的测定

　　有机氯农药是第一代农药，是一类对环境构成严重威胁的人工合成环境激素，主要分为以苯为原料和以环戊二烯为原料两大类。常见的有机氯农药包括：α－六六六、六氯苯、γ－六六六、β－六六六、δ－六六六、硫丹Ⅰ、艾氏剂、硫丹Ⅱ、环氧七氯、外环氧七氯、o,p'－滴滴伊、α－氯丹、γ－氯丹、反式－九氯、p,p'－滴滴伊、o,p'－滴滴滴、狄氏剂、异狄氏剂、o,p'－滴滴涕、p,p'－滴滴滴、顺式－九氯、p,p'－滴滴涕、灭蚁灵等。有机氯农药可以通过皮肤、呼吸道和消化道进入有机体，由于其具有高的辛醇／水分配系数，脂溶性很强，因而可在体内长时间滞留和蓄积。有机氯农药对人体的危害更多的是通过食物富集、长期环境暴露而引发的致畸、致癌和致突变作用。测定土壤中有机氯农药最常用的方法是气相色谱法和气相色谱－质谱法。

【实验目的】

1. 了解气相色谱仪的原理和仪器使用方法。
2. 掌握从土壤中提取有机氯农药的技术和方法。
3. 掌握气相色谱测定有机氯农药的原理和操作技术。

【实验原理】

土壤有机氯农药（OCPs）采用（1+1）丙酮/二氯甲烷在索氏提取器中提取，用硅酸镁柱净化，浓缩后用带电子捕获检测器的气相色谱仪进行测定，根据保留时间进行定性，根据峰高（或峰面积）利用外标法进行定量分析。

【实验设备与材料】

一、实验仪器与设备

1. 气相色谱仪：具备电子捕获检测器（ECD）和定量进样器，具分流/不分流进样口，可程序升温。气相色谱法是利用气体作流动相，利用物质的沸点、极性及吸附性质的差异来实现混合物分离的色层分离分析方法。气相色谱仪由气路系统、进样系统、分离系统、温控系统、检测记录系统组成。待分析样品在气化室气化后被载气（流动相）带入色谱柱中，柱内含有液体或固体固定相，由于样品中各组分的沸点、极性或吸附性能不同，每种组分都倾向于在流动相和固定相之间形成分配或吸附平衡。载气使样品组分在运动中进行反复多次的分配或吸附-解吸，载气中浓度大的组分先流出色谱柱，而在固定相中分配浓度大的组分后流出。当组分流出色谱柱后，检测器能够将样品组分转变为电信号，电信号的大小与被测组分的量或浓度成正比。将电信号放大并记录形成气相色谱图。根据出峰时间和顺序，可对化合物进行定性分析；根据峰的高低和面积大小，可对化合物进行定量分析（图3-4）。

2. 色谱柱1：柱长30 m，内径0.32 mm，膜厚0.25 μm，固定相为5%聚二苯基硅氧烷和95%聚二甲基硅氧烷，或其他等效的色谱柱。

3. 色谱柱2：柱长30 m，内径0.32 mm，膜厚0.25 μm，固定相为14%聚

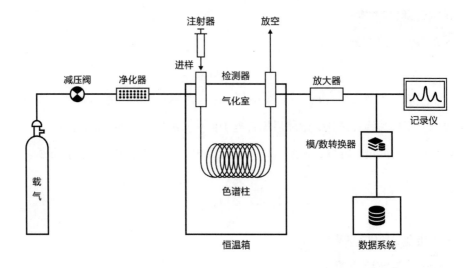

图 3-4　气相色谱仪工作流程

苯基氰丙基硅氧烷和 86% 聚二甲基硅氧烷，或其他等效的色谱柱。

　　4. 提取装置：索氏提取器（图 3-5）、微波萃取装置、加压流体萃取装置或具有相当功能的设备，所有接口处严禁使用油脂润滑剂。

　　5. 浓缩装置：氮吹仪、旋转蒸发仪、K-D 浓缩仪或具有相当功能的设备。

　　6. 采样瓶：广口棕色玻璃瓶或聚四氟乙烯衬垫螺口玻璃瓶。

　　7. 一般实验室常用仪器和设备。

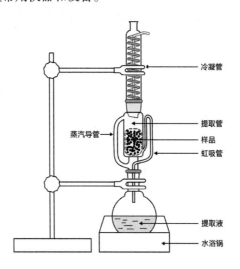

　　图 3-5　索氏提取器

二、实验材料与试剂

1. 正己烷（C_6H_{14}）：色谱纯。

2. 丙酮（CH_3COCH_3）：色谱纯。

3. 二氯甲烷（CH_2Cl_2）：色谱纯。

4. 无水硫酸钠（Na_2SO_4）：优级纯。在马弗炉中 450 ℃烘烤 4 h，冷却后置于具磨口塞的玻璃瓶中，并放干燥器内保存。

5. 丙酮 - 正己烷混合溶剂 I（1+1）：用丙酮和正己烷按 1:1 的体积比混合。

6. 丙酮 - 正己烷混合溶剂 II（1+9）：用丙酮和正己烷按 1:9 的体积比混合。

7. 有机氯农药标准储备液：ρ=10~100 mg/L。购买市售有证标准溶液，在 4 ℃以下避光密闭冷藏保存。使用时应恢复至室温并摇匀。

8. 有机氯农药标准使用液：ρ=1.0 mg/L。用正己烷稀释有机氯农药标准储备液。在 4 ℃以下避光密闭冷藏。

9. 硅酸镁固相萃取柱：市售，1000 mg/6 mL。

10. 石英砂：270~830 μm（50~20 目）。在马弗炉中 450 ℃烘烤 4 h，冷却后置于具磨口塞的玻璃瓶中，并放干燥器内保存。

11. 玻璃棉或玻璃纤维滤膜：在马弗炉中 400 ℃烘烤 1 h，冷却后置于具磨口塞的玻璃瓶中密封保存。

12. 载气和辅助气体：氮气（≥ 99.999%）。

【实验步骤】

一、样品的采集与保存

参照本章"实验一 土壤样品的采集"的要求，采集有代表性的土壤样品，除去样品中的枝棒、叶片、石子等异物。样品保存在事先清洗洁净，并用有

机溶剂处理过的、不存在干扰物的磨口棕色玻璃瓶中。运输过程中应密封、避光、4 ℃以下冷藏。运至实验室后，若不能及时分析，应于 4 ℃以下冷藏保存，保存时间不超过 14 d。

称取两份样品，一份用于测定干物质含量，一份用于有机氯农药含量的测定。

二、土壤干物质含量的测定

将具盖容器和盖子于 105 ± 5 ℃下烘干 1 h，稍冷，盖好盖子，然后置于干燥器中至少冷却 45 min，测定带盖容器的质量 m_0，精确至 0.01 g。用样品勺将 30~40 g 土壤试样转移至已称重的具盖容器中，盖上容器盖，测定总质量 m_1，精确至 0.01g。取下容器盖，将容器和土壤试样一并放入烘箱中，在 105 ± 5 ℃下烘干至恒重，同时烘干容器盖。盖上容器盖，置于干燥器中至少冷却 45 min，取出后立即测定带盖容器和烘干土壤的总质量 m_2，精确至 0.01 g。

三、试样的制备

称取土壤样品 10.00 g（精确到 0.01 g），加入适量无水硫酸钠，研磨均匀成流沙状。如果使用加压流体提取，则用粒状硅藻土脱水。也可采用冷冻干燥的方式对样品脱水，将冻干后的样品研磨、过筛，均化处理成约 1 mm 的颗粒。

1. 索氏提取。将制备好的土壤样品放入玻璃套管或纸质套管内，将套管置于索氏提取器中。加入 100 mL（1+1）丙酮 - 正己烷混合溶液，回流提取 16 ~18 h，回流速度约 3~4 次 /h。离心或过滤后收集提取液。然后停止加热回流，取出圆底溶剂瓶，待浓缩。

2. 过滤和脱水。在玻璃漏斗上垫一层玻璃棉或玻璃纤维滤膜，加入约 5 g 无水硫酸钠，将提取液过滤到浓缩器皿中。再用约 5~10 mL（1+1）丙酮 - 正己烷混合溶液洗涤提取容器 3 次，经漏斗过滤到上述浓缩装置中。

3. 浓缩。采用旋转蒸发浓缩。设置加热温度在 40 ℃ 左右，将提取液浓缩至约 2 mL，停止浓缩。用一次性滴管将浓缩液转移至具刻度浓缩器皿，并用少量（1+1）正己烷 - 丙酮混合溶剂冲洗旋转蒸发瓶底部 2 次，合并全部浓缩液，氮吹浓缩至约 1 mL，待净化（也可采用达到质量控制要求的其他浓缩方式，如氮吹法、K-D 浓缩法等）。

4. 净化。用约 8 mL 正己烷洗涤硅酸镁固相萃取柱，保持硅酸镁固相萃取柱内吸附剂表面浸润。用吸管将浓缩后的提取液转移到硅酸镁固相萃取柱上停留 1 min 后，弃去流出液。加入 2 mL（1+9）丙酮 - 正己烷混合溶剂并停留 1 min，用 10 mL 小型浓缩管接收洗脱液，继续用（1+9）丙酮 - 正己烷混合溶剂洗涤小柱，至接收的洗脱液体积到 10 mL 为止。氮吹浓缩，定容至 1 mL，待分析。

如果样品提取液中存在杀虫剂和多氯代烃类时，可采用硅胶柱净化。方法如下：用约 10 mL 正己烷洗涤硅胶柱，保持硅胶柱内吸附剂表面浸润。利用浓缩装置将脱水后的样品提取液浓缩至 1.5~2 mL，将溶剂置换为正己烷。用吸管将上述浓缩液转移到硅胶柱上，停留 1 min 后，让溶液流出小柱。加入约 2 mL（1+9）丙酮 - 正己烷混合溶剂并停留 1 min，用 10 mL 小型浓缩管接收洗脱液，继续用（1+9）丙酮 - 正己烷混合溶剂洗涤小柱，至接收的洗脱液体积到 10 mL 为止。氮吹浓缩，定容至 1 mL，待测。

用石英砂代替实际样品，按照与试样制备相同的步骤制备空白试样。

四、气相色谱仪测试条件（推荐）

1. 进样口温度：220 ℃；检测器温度：280 ℃；进样量：1 μL；不分流进样至 0.75 min 后打开分流，分流出口流量为 60 mL/min。

2. 柱温：初始温度 100 ℃；以 15 ℃/min 速度升至 220 ℃，保持 5 min；再以 15 ℃/min 速度升至 260 ℃，保持 20 min。

3. 载气：高纯氮气，2.0 mL/min，恒流；尾吹气：20 mL/min。

五、标准曲线绘制

分别量取适量的有机氯农药标准使用液，用正己烷稀释，配制标准系列，有机氯农药的质量浓度分别为 5.0 μg/L、10.0 μg/L、20.0 μg/L、50.0 μg/L、100 μg/L、200 μg/L、500 μg/L（浓度梯度根据实验需求可调整）。按照气相色谱仪测试条件由低浓度到高浓度依次对标准系列溶液进行进样、检测，记录目标物的保留时间、峰高或峰面积。以标准系列溶液中目标物浓度为横坐标，以其对应的峰高或峰面积为纵坐标，建立标准曲线。

六、样品测定

根据目标物的保留时间定性。目标物在两根极性色谱柱上均检出时，视为检出（图 3-6 和图 3-7）。

取制备好的试样 1 μL，注射到气相色谱仪中，采用与绘制标准曲线相同的仪器条件。记录色谱峰的保留时间和响应值。根据目标物的峰面积或峰高，采用外标法进行定量。

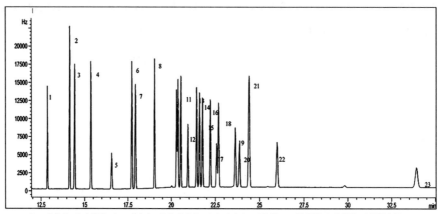

1. α-六六六；2. 六氯苯；3. γ-六六六；4. β-六六六；5. δ-六六六；6. 硫丹 I；7. 艾氏剂；8. 硫丹 II；9. 环氧七氯；10. 外环氧七氯；11. o,p'-滴滴伊；12. γ-氯丹；13. α-氯丹；14. 反式-九氯；15. p,p'-滴滴伊；16. o,p'-滴滴滴；17. 狄氏剂；18. 异狄氏剂；19. o,p'-滴滴涕；20. p,p'-滴滴滴；21. 顺式-九氯；22. p,p'-滴滴涕；23. 灭蚁灵。

图 3-6　23 种有机氯农药标准样品参考气相色谱（色谱柱 1，ρ=100μg/L）

来源：环境保护部. 土壤和沉积物 有机氯农药的测定 气相色谱法：HJ 921—2017[S].

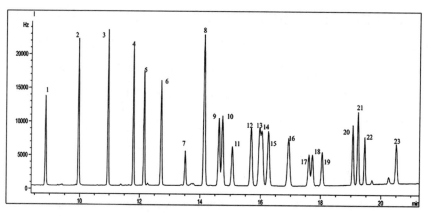

1.六氯苯；2.α-六六六；3.γ-六六六；4.硫丹Ⅰ；5.艾氏剂；6.β-六六六；7.δ-六六六；8.硫丹Ⅱ；9.环氧七氯；
10.外环氧七氯；11.o,p'-滴滴伊；12.γ-氯丹；13.α-氯丹；14.反式-九氯；15.p,p'-滴滴伊；16.狄氏剂；17.o,p'-
滴滴滴；18.异狄氏剂；19.o,p'-滴滴滴；20.p,p'-滴滴滴；21.顺式-九氯；22.p,p'-滴滴涕；23.灭蚁灵。

图 3-7　23 种有机氯农药标准样品参考气相色谱（色谱柱 2，$\rho=100\,\mu g/L$）

来源：环境保护部. 土壤和沉积物 有机氯农药的测定 气相色谱法：HJ 921—2017[S].

七、结果计算

土壤样品中的某种农药含量 ω（μg/kg），按照下式进行计算：

$$\omega = \frac{\rho \times V}{m \times w_{dm}}$$
（公式 3-6）

式中，ω—样品中的某种农药的含量，μg/kg；ρ—由标准曲线计算所得某种农药的质量浓度，μg/mL；V—浓缩定容体积，mL；m—称取样品的质量，kg；w_{dm}—样品中的干物质含量，%。

当测定结果小于 1.00 μg/kg 时，结果保留小数点后二位；当测定结果大于等于 1.00 μg/kg 时，结果保留三位有效数字。

【质量控制与质量保证】

1. 空白实验：每 20 个样品或每批次（少于 20 个样品／批）至少分析一个实验室空白，其目标物的测定值应低于方法检出限。

2. 标准曲线：标准曲线的相关系数大于 0.995。每 20 个样品或每批次（少于 20 个样品 / 批）应分析一个曲线中间浓度点标准溶液，其测定结果与初始曲线在该点测定浓度的相对偏差应 ≤ 20%，否则应重新绘制标准曲线。

3. 平行样品：每 20 个样品或每批次（少于 20 个样品 / 批）至少分析一个平行样，单次平行样品测定结果的相对偏差应在 20% 以内。

4. 空白加标样品：每 20 个样品或每批次（少于 20 个样品 / 批）至少分析一个空白加标样品，回收率应在 75%~105%。

5. 基体加标样品：每 20 个样品或每批次（少于 20 个样品 / 批）至少分析一个加标样品，加标浓度为原样品浓度的 1~5 倍，样品加标回收率应在 60%~120%。

【思考题】

1. 简述气相色谱法测定有机氯农药的原理和分析过程。

2. 实验过程中哪些步骤会引入误差，如何避免？

3. 查阅文献资料，了解土壤有机氯农药的其他测试方法。

【常见问题】

1. 样品预处理使用的有机溶剂具有毒性、易挥发性，预处理操作需要注意通风。

2. 有机氯农药中属于较易挥发的部分化合物（如六六六）浓缩时会有损失，特别是氮吹时应注意控制氮气流量，不要有明显涡流。采用其他浓缩方式时，应控制好加热的温度或真空度。

3. 邻苯二甲酸酯类是有机氯农药检测的重要干扰物，样品制备过程会引入邻苯二甲酸酯类的干扰。避免接触任何塑料材料，并且检查所有溶剂空白，保证这类污染物在检出限以下。

　　农药进入自然环境后，可通过挥发、扩散、分解及光合作用迁出水体，也可以被水生生物吸收，发生生物转移和生物积累作用，并通过食物链在生物体内富集，如鱼和水鸟体内有机氯农药（如DDT）含量比水层分别高数万倍和数十万倍。受到农药污染的水体给环境、生物及人类健康带来长期的潜在危害，主要表现为：① 引起人体急慢性中毒：由于水体受到农药污染而引起的急性中毒比较少见，但长期饮用受污染的水可使体内的内分泌系统、生殖系统、神经系统、免疫系统和一些酶的活性受到影响，阻碍人体的生长和发育；② "三致"作用：动物实验研究结果表明，有机氯农药（如DDT或六六六）有致癌、致畸和致突变作用，近年来流行病学研究结果也表明，某些癌症的发病率与饮水中有机氯农药含量成正相关关系；③ 影响生态平衡：农药可影响水生生物的生长和繁殖，通过食物链作用于鱼和水鸟等，使其中毒甚至死亡。

　　我国提出的"水中优先控制污染物黑名单"有 14 类 68 种有毒化学污染物，包括六六六、滴滴涕、敌敌畏、乐果、对硫磷、甲基对硫磷、除草醚、敌百虫等 8 种农药污染物。目前我国已对不同水质制定某些农药的限量值，例如《生活饮用水卫生标准》（GB 5749—2006）和《地表水环境质量标准》（GB 3838—2002）同时规定水中乐果、对硫磷、溴氰菊酯和滴滴涕等农药的浓度分别不得超过 0.08 mg/L、0.003 mg/L、0.02 mg/L 和 0.001 mg/L；此外《生活饮用水卫生标准》（GB 5749—2006）还规定饮用水中六六六（总量）、甲基对硫磷和敌敌畏的浓度分别不得超过 0.005 mg/L、0.02 mg/L 和 0.001 mg/L；《地表水环境质量标准》（GB 3838—2002）规定 I~V 类水中甲基对硫磷和

敌敌畏的浓度分别不得超过 0.002 mg/L 和 0.05 mg/L；《渔业水质标准》（GB 11607—1989）规定乐果、甲基对硫磷、六六六（丙体）和滴滴涕的浓度分别不得超过 0.1 mg/L、0.0005 mg/L、0.002 mg/L 和 0.001 mg/L；《土壤环境质量标准》（GB 15618—2018）规定农用地土壤污染风险筛选值分别为：六六六（总量）不得超过 0.10 mg/kg，滴滴涕（总量）不得超过 0.10 mg/kg。

【参考文献】

［1］环境保护部．土壤 干物质和水分的测定 重量法：HJ 613—2011[S].

［2］环境保护部．土壤和沉积物 有机氯农药的测定 气相色谱法：HJ 921—2017[S].

［3］国家环境保护总局．土壤环境监测技术规范：HJ/T 166—2004[S].

［4］生态环境部，国家市场监督管理局．土壤环境质量 农用地土壤污染风险管控标准（试行）：GB 15618—2018[S].

实验三　　土壤铜和锌含量的测定（电感耦合等离子体发射光谱法）

　　铜（Cu）和锌（Zn）是人体和其他生物体所必需的微量营养元素，缺乏时会导致疾病（如人体缺铜会发生贫血、腹泻等病症），但过量摄入亦会有危害作用，影响人体健康。铜和锌主要来源于有色金属开采和冶炼、化石燃料燃烧、污泥、污水、农用化学品等。土壤中铜、锌的含量是土壤环境质量监测的一项重要指标。由于多样的自然地理条件和各类土壤成土母质不同，土壤中铜和锌含量差别很大。我国土壤 Cu、Zn 的背景值分别为 1.2~62.1 mg/kg、12.2~174 mg/kg。常用的测定土壤铜和锌总量的方法有火焰原子吸收光谱法、电感耦合等离子体发射光谱法等。

【实验目的】

1.掌握全消解法和微波消解法分解土壤样品的原理和操作技术。

2.了解电感耦合等离子体发射光谱法的基本原理。

3.掌握电感耦合等离子体发射光谱法测定典型重金属（铜、锌）的方法。

【实验原理】

采用消解法彻底破坏土壤的矿物晶格，使试样中的待测元素全部进入试

液中。试液经等离子体发射光谱仪中的雾化器被雾化，由氩载气带入等离子体火炬中，目标元素在等离子体火炬高温下被气化、电离、激发并辐射出特征谱线。特征光谱的强度与试样中待测元素的含量在一定范围内成正比。

【实验设备与材料】

一、实验仪器与设备

1.电感耦合等离子体发射光谱仪。

2.温控电热板：温控精度 ±2.5 ℃。

3.微波消解仪：具有程序温控功能，最大功率范围 600~1500 W。

4.万分之一天平：精确到 0.0001 g。

5. 聚四氟乙烯坩埚：50 mL。

6.一般实验室常用器皿和设备。

二、实验材料与试剂

1.盐酸（HCl）：ρ=1.19 g/mL，优级纯。

2.硝酸（ HNO$_3$）：ρ=1.42 g/mL，优级纯。

3.氢氟酸（HF）：ρ=1.49 g/mL，优级纯。

4.高氯酸（ HClO$_4$）：ρ=1.68 g/mL，优级纯。

5.过氧化氢（ H$_2$O$_2$）：φ=30%，优级纯。

6. 1%（V/V）硝酸溶液：移取 10 mL 浓硝酸于 1000 mL 容量瓶中，用超纯水定容、混匀。

7.锌单元素标准储备液：ρ=1000 μg/mL，购自国家标准物质中心。

8.铜单元素标准储备液：ρ=1000 μg/mL，购自国家标准物质中心。

9.铜、锌混合标准使用液：ρ=100 μg/mL。分别移取 10 mL 铜单元素标准储备液和 10 mL 锌单元素标准储备液于 100 mL 容量瓶中，用 1%（V/V）的硝酸溶液稀释至刻度，使铜、锌浓度分别为 100 μg /mL，待用。

10.氩气：纯度 ≥ 99.99%。

【实验步骤】

一、样品的采集与保存

按照本章实验一的要求，进行土壤样品采集。将采集的土壤样品（一般不少于 500 g）混匀后用四分法缩分至约 100 g。缩分后的土样自然风干或冷冻干燥，除去土样中石子和动植物残体等异物，用玛瑙棒研压，通过 2 mm 尼龙筛，混匀。将通过 2 mm 尼龙筛的土样研磨至全部通过 100 目（孔径 0.149 mm）尼龙筛，混匀后备用。

二、土壤样品干物质含量的测定

土壤样品干物质含量按照本章实验二方法测定。

三、试样的制备

1.电热板消解法。准确称取 0.1~0.5 g（精确至 0.0001 g）过筛土样于聚四氟乙烯坩埚中，用少量去离子水润湿后，加入 5 mL 浓盐酸置于电热板上以

180~200 ℃加热至近干，取下稍冷。依次加入 5 mL 浓硝酸、5 mL 氢氟酸、3 mL 高氯酸，于电热板上以 180 ℃加热至余液为 2 mL，继续加热，并摇动坩埚。当加热至冒浓白烟时，加盖使黑色有机碳化物分解。待坩埚壁上的黑色有机物消失后，开盖，驱赶白烟并蒸发至内容物成黏稠状。视消解情况，可补加 3 mL 浓硝酸、3 mL 氢氟酸、1 mL 高氯酸，重复上述消解过程。取下坩埚稍冷，加入 2 mL 稀硝酸溶液温热溶解可溶性残渣。冷却后转移至 25 mL 容量瓶中，用适量 1%（V/V）硝酸溶液淋洗坩埚，将淋洗液全部转移至容量瓶中，用 1%（V/V）的硝酸溶液定容至刻度线，混匀，待测。

2.微波消解法。称取 0.1~0.5 g（精确至 0.0001 g）过筛土壤样品置于微波消解罐中，用少量实验用水润湿后加入 9 mL 浓硝酸、2 mL 浓盐酸、3 mL 氢氟酸及 1 mL 过氧化氢，按照表3-5的升温程序进行消解。微波消解后的样品需冷却至少 15 min 后取出，用少量实验用水将微波消解罐中全部内容物转移至 50 mL 聚四氟乙烯坩埚中，加入 2 mL 高氯酸，置于电热板上加热至 160~180 ℃，驱赶至白烟冒尽，且内容物呈黏稠状。取下坩埚稍冷，加入 2 mL 的 1%（V/V）硝酸溶液，温热溶解残渣。冷却后转移至 25 mL 容量瓶中，用适量 1%（V/V）的硝酸溶液淋洗坩埚，将淋洗液全部转移至 25 mL 容量瓶中，用硝酸溶液定容至标线，混匀，待测。

表 3-5　土壤样品微波消解参考升温程序

升温时间 /min	消解温度 /℃	保持时间 /min
5	室温 ~120	3
3	120~160	3
3	160~180	10

注：（1）最终消解后仍有颗粒物沉淀，则需离心或以 0.45 μm 滤膜过滤后定容。
　　（2）有机质含量较高的样品，需提前加入 5 mL 浓硝酸浸泡过夜。

四、空白试样的制备

不加土壤样品，按照与试样制备相同的操作步骤进行空白试样的制备。

五、分析步骤

1.仪器操作条件的设置。不同型号的仪器最佳测试条件不同，根据仪器说明书优化测试条件。

2.标准曲线的绘制。依次配制一系列待测元素的标准溶液，可根据实际样品中待测元素浓度情况调整标准曲线的浓度范围。分别移取一定体积的多元素混合标准溶液，用1%硝酸溶液配制系列标准溶液，参考浓度见表3-6。将标准溶液由低浓度到高浓度依次导入电感耦合等离子体发射光谱仪，测定发射强度，测试条件如表3-7所示。以目标元素系列质量浓度为横坐标，发射强度值为纵坐标，绘制元素的标准曲线。

表 3–6　铜、锌标准系列溶液参考浓度

元素	标准系列　（单位：mg/L）					
铜	0.00	0.10	0.50	1.00	3.00	5.00
锌	0.00	0.10	0.50	1.00	3.00	5.00

表 3–7　待测元素分析条件参数

元素	测定波长 /nm	干扰元素
铜	324.7 327.396	铁、铝、钛、钼
锌	202.548 206.200 213.856	钴、镁 镍、镧、铋 镍、铜、铁、钛

3.试样测定。分析前，用1%（*V/V*）的硝酸溶液冲洗系统至空白强度值降至最低。待分析信号稳定后，在与绘制标准曲线相同的条件下分析试样。试样测定过程中，若待测元素浓度超出标准曲线范围，试样需稀释后重新测定。

4.空白样品的测定。按照与试样测定相同的操作步骤测定空白试样。

六、数据处理与分析

土壤样品中铜、锌的含量 w_i（Cu/Zn，mg/kg）按下式计算：

$$w_i = \frac{(\rho_i - \rho_{0i}) \times V}{m \times W_{dm}}$$ （公式 3-7）

式中，w_i—土壤中元素的质量分数，mg/kg；ρ_i—试样中元素的质量浓度，mg/L；ρ_{0i}—空白试样中元素的质量浓度，mg/L；V—消解后试样的定容体积，mL；m—土壤样品的称样量，g；W_{dm}—土壤样品的干物质含量，%。

测定结果小数点位数与方法检出限保持一致，最多保留三位有效数字。

【质量控制与质量保证】

1.每批样品至少做 1 个实验室空白，空白值应低于测定下限。若超出，则需查找原因，重新分析直至合格之后才能分析样品。

2.每次分析应绘制标准曲线，标准曲线的相关系数应 ≥ 0.995。每 20 个样品或每批次（少于 20 个样品 / 批）需进行标准曲线中间浓度点核查。其测定结果与最近一次标准曲线该点浓度的相对偏差应在 ±10% 以内，否则应重新绘制标准曲线。

3.每 20 个样品或每批次（少于 20 个样品 / 批）应分析一个平行样，平行样测定结果相对偏差应 ≤ 20%。

4.对实际样品进行重金属全量测定时，每批样品须同步测定土壤成分分析标准物质（质控样），其测定结果应在给出的不确定范围内。

【思考题】

1.简述电感耦合等离子体发射光谱法的原理和分析过程。

2.实验过程中哪些步骤会引入误差，如何避免？

〖常见问题〗

1. 实验中使用的坩埚和玻璃容器均需用（1+1）硝酸溶液浸泡 12 h 以上，用自来水和实验用水依次冲洗干净，置于干净的环境中晾干。

2. 由于土壤种类较多，所含有机质差异较大，在消解时，应注意观察，各种酸的用量可视消解情况酌情增减。

3. 样品消解时，在蒸发至近干过程中需特别小心，防止蒸干，否则待测元素会有损失。

4. 仪器点火后，需预热 30 min 以上，以防波长漂移。

5. 含量较低的元素，可适当增加样品称取量或减少定容体积，也可将消解液浓缩后测定。

6. 干扰：测定过程中的干扰包括光谱干扰和非光谱干扰。光谱干扰主要包括连续背景和谱线重叠干扰，校正光谱干扰的常用方法是背景扣除法及干扰系数法，也可以在混合标准溶液中采用基体匹配的方法消除其影响。非光谱干扰主要包括化学干扰、电离干扰、物理干扰以及去溶剂干扰等，消除此类干扰最常见的方法是稀释法以及标准加入法。

〖小知识〗

采用地质累积指数对土壤重金属的污染情况进行评估。计算公式如下：

$$I_{\mathrm{geo}} = \log_2\left(\frac{c_i}{k \times B_i}\right) \qquad （公式 3-8）$$

其中，c_i 为重金属实测值（μg/g）；k 为由于不同地区岩石地质差异而取的修正系数（一般为 1.5）；B_i 为重金属背景值（μg/g）。$I_{\mathrm{geo}} \leq 0$ 代表无污染；$0 < I_{\mathrm{geo}} \leq 1$ 为轻度至中度污染；$1 < I_{\mathrm{geo}} \leq 2$ 为中度污染；$2 < I_{\mathrm{geo}} \leq 3$ 为中度

至强污染；$3 < I_{geo} \leqslant 4$ 为强污染；$4 < I_{geo} \leqslant 5$ 为强至极强污染；$I_{geo} > 5$ 为极强污染。

采用潜在生态风险评价指数 R_I 对土壤重金属的生态风险进行评价，具体公式如下：

$$R_I = \sum E_r^i$$

$$E_r^i = T_r^i C_f^i \qquad\qquad （公式 3-9）$$

$$C_f^i = C_0^i / C_n^i$$

其中，R_I—土壤重金属所有风险因子的总和；E_r^i—单项的潜在生态风险因子；T_r^i—给定物质的毒性响应因子；C_f^i—单一重金属的毒性系数；C_0^i代表土壤金属的含量；C_n^i—重金属含量的参考值。

【参考文献】

［1］生态环境部 . 土壤和沉积物 铜、锌、铅、镍、铬的测定 火焰原子吸收分光光度法：HJ 491—2019[S].

［2］环境保护部 . 固体废物 22 种金属元素的测定 电感耦合等离子体发射光谱法：HJ781—2016[S].

［3］国家环境保护总局 . 土壤环境监测技术规范：HJ/T 166—2004[S].

［4］国家环境保护总局，国家技术监督局 . 土壤质量 铜、锌的测定 火焰原子吸收分光光度法：GB/T 17138—1997[S].

第四部分

综合
实验设计

大气复合污染综合观测实验设计

由于经济快速发展，城市化进程加快，能源消耗居高不下，我国面临着严重的大气复合污染问题。大气复合污染在现象上表现为大气氧化性增强、大气能见度显著下降和环境恶化趋势向整个区域蔓延；在污染本质上表现为污染物之间源和汇的相互交错、污染转化过程的耦合作用和环境影响的协同效应。以往以单独形式出现的污染，现在已相互结合成复合型的污染，成为以更大尺度出现的环境问题。我国大气复合污染成因复杂，是环境领域的国际前沿科学问题。大气复合污染来自多种污染源排放的气态和颗粒态一次污染物，以及经系列的物理、化学过程形成的二次颗粒物和臭氧等二次污染物。这些污染物与天气、气候相互作用和影响，形成高浓度的污染，并在大范围的区域间相互输送与反应。因此需要综合多种观测手段，围绕重大科学问题，开展环境监测，深入认识大气物理、化学过程，揭示大气复合污染成因。

【实验目的】

1. 针对某一科学问题，学会综合设计、实施外场观测实验，掌握采样点、采样时间和相关仪器的选择。

2. 针对获得的多种仪器的综合数据，合理利用数据对某一科学问题进行初步分析，阐明关键的特征及机制。

【实验要求】

1. 选择我国大气复合污染关键的科学问题。

2. 针对问题，根据可利用的监测手段，梳理综合大气复合污染监测实验思路。

3. 开展实际外场观测实验，获得准确的环境监测数据。

4. 合理有效地分析监测数据，阐明大气复合污染关键的物理和化学过程，提出大气复合污染的应对机制。

【大气复合污染综合观测案例（简）】

北京城区冬季大气细颗粒物化学组成及特征分析

一、采样点、采样时间及采样器的选择与准备

1. 采样地点。本实验选取北京大学城市环境大气定位观测站（116.31° E，39.99° N）作为北京城市地区监测站点，该站点位于北京大学校园内。北京大学南侧、东侧和西侧主要以商业街、居民小区为主，北侧邻近圆明园。观测平台设在北京大学理科教学楼 1 号楼的六楼楼顶，距离地面约 20 m。采样切割头离楼顶约 1.5 m，楼顶用地砖铺砌，不易起尘。观测站点距离南边的四环主路大约 500 m，距离东边的中关村北大街约 200 m，西面和北面处校园内部，无局地源影响。该站点是一个典型的城市站点，可以表征北京市城区大气污染物的变化规律和特征。

2. 采样时间。为探讨北京城区冬季大气颗粒物化学组成及特征，于冬季（2019 年 12 月 1 日—2020 年 1 月 2 日），在北京大学城市环境大气定位观测

站进行了为期一个月的分昼夜采样。采样时间段分别为白天 07:00—17:00 和夜间 18:00—次日 06:00。

3. 采样准备及仪器设备。按照大气颗粒物样品采样膜的准备（第一部分实验六）要求准备足够份数的聚四氟乙烯（Teflon）膜和石英纤维膜，并做好聚四氟乙烯膜采样前的称量工作。本实验采用四通道大气颗粒物智能采样仪采集 $PM_{2.5}$ 颗粒物。采样仪采样前及采样中的清洗、流量校正及采膜、换膜操作参见环境空气颗粒物（$PM_{2.5}$ 和 PM_{10}）样品采集（第一部分实验七）。

二、样品分析

1. $PM_{2.5}$ 质量浓度。本实验采用重量法测量大气细颗粒物质量浓度。在超净实验室对采样后的聚四氟乙烯膜进行称量。采样后的聚四氟乙烯膜的重量与其对应采样前的膜的重量之差为采集颗粒物的质量浓度。聚四氟乙烯膜的称量操作详见第一部分实验六。

2. 碳质组分的测量。本实验基于 OC/EC 实验室分析仪，采用热光透射法或热光反射法，对采集到石英纤维滤膜上的大气颗粒物在实验室进行碳质组分分析，具体实验步骤参见大气颗粒物碳质组分的离线测量（第一部分实验八）。

3. 水溶性离子组分的测量。本实验采用超声提取法提取收集在聚四氟乙烯膜上的大气颗粒物中的水溶性阴阳离子。具体的样品前处理操作详见第一部分实验九。提取液封口保存，随后利用离子色谱法分析水溶性离子组分，包括硝酸盐、硫酸盐、铵盐等化学组分的质量浓度。离子色谱标准使用液的配制及离子色谱的使用参见大气颗粒物中水溶性离子组分的离线测量：仪器分析和数据处理（第一部分实验十）。

4. 数据质量控制与质量保证。在采样前及采样期间定期清洗切割器和采样管路，以及定期对采样器环境温度，大气压和流量进行检查校正。采样时，防止样品被污染，采样后正确保存样品。采样过程中应配置空白滤膜，仪器校正后连续采样前或后进行一次空白膜采样。颗粒物前处理过程中应避免人为的污染。对于分析设备应定期维护，操作工程中除避免材料污染外，应进行有效标定，校正检测器每一次分析的波动误差。每批次至少做一个全过程空白样，全程序空白测量结果应低于方法测定下限。分析得到的数据应与其他分析设备（在线或者其他原理的分析设备）测量的相同组分的结果进行对比验证，确保分析的准确性。

三、数据分析

主要化学组分质量浓度的时间序列；主要化学组分在大气细颗粒中的占比；主要化学组分的日变化趋势；主要化学组分的来源贡献等。

【参考综合实验设计方案】

1. 北京春季常规大气污染物特征分析。
2. 大气颗粒物化学组成及特征分析。
3. 大气颗粒物中有机物的来源贡献分析。
4. 大气挥发性有机物特征及对臭氧的贡献。

【思考题】

1. 为什么要做大气污染综合观测？
2. 综合观测的站点选择和时间选择需要考虑哪些方面？
3. 我国大气复合污染目前面临的重大科学问题有哪些？

国内外已有的一些综合观测

除了长期的常规观测外，大规模的综合性外场观测实验的开展也为决策部门正确评估和及时修正控制措施提供了依据。国外研究者开展了大量的大型外场观测实验，如欧洲以研究城市和区域臭氧光化学过程为目标的EUROTRAC 项目，关注超大城市污染物的生成及其在局地、区域和全球尺度的传输和转化的 MILAGRO 观测项目，重点针对加州地区气候条件、源清单评估以及污染控制措施效果等问题展开的 CalNex 2010 大型观测项目。

近年来，我国也陆续开展了多次依托于科学研究项目，或针对重要国际活动提供空气质量保障措施的大型综合观测。与国外研究类似，我国大部分综合观测主要集中于大城市群区域，基于大气超级观测站，针对区域污染问题展开研究，科学问题涵盖源排放、污染物传输和演化、区域污染成因等不同方面。如北京大学牵头的 PRIDE-PRD 系列观测、CARE-Beijing 系列观测、EXPLORE-YRD 系列观测和 HaChi 观测等，观测至今积累了大量高精度、高时间分辨率数据，为深入揭示珠三角地区和长三角地区颗粒物以及光化学污染成因起到重要作用。为应对空气质量恶化及污染成因复杂化的趋势，我国也举行了延续数年时间的大型综合观测，如 2017—2019 年冬季在北京、河北望都、山东德州等地区由北京大学、复旦大学等多家单位合作开展的，主要聚焦京津冀及周边地区大气重污染的成因和来源这一重大科学问题的跨区域长时间的总理基金大型外场观测。

【参考文献】

［1］环境保护部 . 环境空气颗粒物（$PM_{2.5}$）手工监测方法（重量法）技术规范 : HJ 656—2013[S].

［2］环境保护部 . 环境空气 颗粒物中水溶性阴离子（F^-、Cl^-、Br^-、NO_2^-、NO_3^-、PO_4^{3-}、SO_3^{2-}、SO_4^{2-}）的测定 离子色谱法 : HJ 799—2016[S].

［3］环境保护部 . 环境空气 颗粒物中水溶性阳离子（Li^+、Na^+、NH_4^+、K^+、Ca^{2+}、Mg^{2+}）的测定 离子色谱法 : HJ 800—2016[S].

［4］EMEP. EMEP manual for sampling and chemical analysis [EB/OL]. (2001) [2021-12-27]. http://www.emep.int/

［5］Hu W, Hu M, Hu W, Jimenez J L, Yuan B, Chen W, Wang M, Wu Y, Chen C, Wang Z. Chemical composition, sources, and aging process of submicron aerosols in Beijing: Contrast between summer and winter [J]. Journal of Geophysical Research: Atmospheres, 2016, 121(4): 1955-1977.

综合实验设计二 校园内湖水水质调查

地表水环境现状调查的目的是掌握评价范围内水体污染源、水文、水质和水体功能利用等方面的环境背景情况，为地面水环境现状和预测评价提供基础资料。本实验以校园内的湖水为例，要求学生通过查阅文献资料，收集基础资料；根据现场调查确定监测断面和采样点，明确水样的采集和保存方法，根据国家或生态环境部相关规定标准和分析方法，结合实验室条件，独立设计出实验方案；然后开展采样及分析测试，形成监测报告。

【问题提出】

以高校校园内的湖水为研究对象，对其进行环境质量调查与评价，作为今后开发保护的基础资料。

【实验目的】

学会综合设计、开展地表水环境监测实验：根据现场调查确定监测垂线和采样点，明确水样采集与保存方法、监测指标及分析方法，结合实验室条件，独立设计出实验方案。

针对监测分析获得的数据，依据《地表水环境质量标准》（GB 3838—2002）对水质状况进行评价。

【监测方案的制订】

开展野外环境监测前，需制订出详细的监测方案。水样采集的关键是代表性，从总体和宏观上须能反映水系或所在区域的水环境质量状况，尽可能以最少的断面获取足够的有代表性的环境信息，还须考虑实际采样时的可行性和方便性。因此，水环境质量状况调查方案需考虑以下信息：

1. 资料收集：水体的水文、气候、地质和地貌资料；周边污染源及排污状况；校园景观湖泊开发、保护现状；周边土壤功能及用途。

2. 现场初步调查：确定调查范围，记录湖泊大小、深度及周边环境状况。

3. 监测指标：地表水常规监测指标 pH、氨氮、硝酸盐、亚硝酸盐、挥发酚、氰化物、砷、汞、六价铬、总硬度、铅、氟、镉、铁、锰、溶解固体物、高锰酸盐指数、硫酸盐、氯化物、大肠菌群等，除此之外，依据本地区主要水质问题考虑是否增加控制指标。

4. 采样点位：依据《地表水和污水监测技术规范》（HJ/T91—2002），确定监测垂线和采样点数。依据湖泊功能及不同水域，确定监测垂线；依据湖泊水深，确定监测垂线的采样点数（表 4-1）。画出监测点位图。

5. 水样类型：根据初步调查及文献资料，确定采集瞬时水样、混合水样，还是综合水样。

6. 采样交通工具：根据现场初步调查，依靠岸边、桥梁、船只进行采样。

7. 采样工具：聚乙烯或金属采水器。

8. 采样瓶：根据监测指标，确定采样瓶规格、材质及是否加入保护剂。

除此之外，还应确定人员分工、野外监测安全等。在此基础上，形成野外监测方案（纸质或电子版）。

表 4-1　湖（库）监测垂线采样点数的设置（HJ/T 91—2002）

水深	分层情况	采样点数	说明
≤ 5 m	不分层	一点（水面下 0.5 m 处）	（1）分层是指湖水温度分层状况 （2）水深不足 1 m 处，在 1/2 水深处设置测点 （3）有充分数据证实垂线水质均匀时，可酌情减少测点
5~10 m	不分层	二点（水面下 0.5 m，水底上 0.5 m）	
5~10 m	分层	三点（水面下 0.5 m，1/2 斜温层，水底上 0.5 m）	
>10 m	分层	除水面下 0.5 m，水底上 0.5 m 处外，按每一斜温分层 1/2 处设置	

【监测实施】

一、水样采集

依据制订的监测方案，采集不同断面的水样，贴好标签，并加入保护剂保存。监测过程中应记录采样点及周围环境以及监测过程中出现的异常问题。

二、水样的分析测定

参考前面的实验，对采集的水样进行分析测试，并做好质量控制与质量保证。

三、数据处理

监测结果的原始数据要根据有效数字的保留规则正确书写，对于出现的可疑数据，首先从技术上查明原因，然后再用统计检验处理，经验证属于离群数据应剔除，以使测定结果更符合实际。监测指标及标准方法如表 4-2 所示。

表 4-2 主要监测指标及标准方法

监测指标	采用的监测方法和标准
pH	水质 pH 的测定 玻璃电极法（GB/T 6920—1986）
氨氮	水质 氨氮的测定 纳氏试剂分光光度法（HJ 535—2009）
硝酸盐氮	水质 硝酸盐氮的测定 紫外分光光度法（HJ/T 346—2007）
亚硝酸盐氮	水质 亚硝酸盐氮的测定 分光光度法（GB/T 7493—1987）
总氮	水质 总氮的测定 碱性过硫酸钾消解紫外分光光度法（HJ 636—2012）
总磷	水质 总磷的测定 钼酸铵分光光度法（GB/T 11893—1989）
高锰酸盐指数	水质 高锰酸盐指数的测定（GB/T 11892—1989）
五日生化需氧量	水质 五日生化需氧量（BOD_5）的测定 稀释与接种法（HJ 505—2009）
砷、汞	水质 汞、砷、硒、铋和锑的测定 原子荧光法（HJ 694—2014）
六价铬	水质 六价铬的测定 二苯碳酰二肼分光光度法（GB/T 7467—1987）
铅、铬、铁、锰	水质 65 种元素的测定 电感耦合等离子体质谱法（HJ 700—2014）
氟化物、氯化物、硫酸盐	水质 无机阴离子的测定 离子色谱法（HJ/T 84—2016）
氰化物	水质 氰化物的测定 容量法和分光光度法（HJ 484—2009）
挥发酚	水质 挥发酚的测定 4-氨基安替比林分光光度法（HJ 503—2009）
大肠菌群	水质 粪大肠菌群的测定 多管发酵法和滤膜法（试行）（HJ/T 347—2007）

【水质评价】

　　根据监测获得的实验数据，依据《地表水环境质量标准》（GB 3838—2002）（表 4-3）评价校园景观湖泊水质状况。

表 4-3　地表水环境质量标准（GB 3838—2002）

序号	标准值　　　分类 项目		Ⅰ类	Ⅱ类	Ⅲ类	Ⅳ类	Ⅴ类
1	水温 /（℃）		人为造成的环境水温变化应限制在： 周平均最大温升≤1 周平均最大温降≤2				
2	pH（无量纲）		6~9				
3	溶解氧	≥	饱和率90%（或7.5）	6	5	3	2
4	高锰酸盐指数	≤	1	4	6	10	15
5	化学需氧量（COD）	≤	15	15	20	30	40
6	五日生化需氧量（BOD_5）	≤	3	3	4	6	10
7	氨氮（NH_3-N）	≤	0.15	0.5	1.0	1.5	2.0
8	总磷（以 P 计）	≤	0.02（湖、库0.01）	0.1（湖、库0.025）	0.2（湖、库0.05）	0.3（湖、库0.1）	0.4（湖、库0.2）
9	总氮（湖、库，以 N 计）	≤	0.2	0.5	1.0	1.5	2.0
10	铜	≤	0.01	1.0	1.0	1.0	1.0
11	锌	≤	0.05	1.0	1.0	2.0	2.0
12	氟化物（以 F 计）	≤	1.0	1.0	1.0	1.5	1.5
13	硒	≤	0.01	0.01	0.01	0.02	0.02
14	砷	≤	0.05	0.05	0.05	0.1	0.1
15	汞	≤	0.00005	0.00005	0.0001	0.001	0.001
16	镉	≤	0.001	0.005	0.005	0.005	0.01
17	铬（六价）	≤	0.01	0.05	0.05	0.05	0.1
18	铅	≤	0.01	0.01	0.05	0.05	0.1
19	氰化物	≤	0.005	0.05	0.2	0.2	0.2
20	挥发酚	≤	0.002	0.002	0.005	0.01	0.1
21	石油类	≤	0.05	0.05	0.05	0.5	1.0
22	阴离子表面活性剂	≤	0.2	0.2	0.2	0.3	0.3
23	硫化物	≤	0.05	0.1	0.2	0.5	1.0
24	粪大肠菌群 /（个 /L）	≤	200	2000	10 000	20 000	40 000

【监测报告的编写】

监测报告的内容应至少包括：监测小组成员、监测目的、现场调查、监测方法、样品的采集和保存、试剂的配制、仪器测试原始结果、数据分析和处理。

【注意事项】

质量保证是环境监测十分重要的技术工作和管理工作。为了保证水环境监测数据具有代表性、准确性、精密性、可比性和完整性，必须要对其开展全过程质量控制，主要包括监测方案的制订，采样点布设，样品采集、运输和制备，实验室分析和数据处理等环节。

监测数据是环境监测工作的直接体现。实验中要从以下三个方面加强处理监测数据的能力。首先，监测过程的原始记录必须做到准确、清晰，能确保反映监测全过程的情况。其次，监测数据的统计分析方法要正确，主要包括可疑数值的取舍、方差齐性检验和统计分析等。最后，根据水环境质量标准，采用恰当的方法确定水污染情况。

附　录

缩略词

英文	中文	英文缩略
Air Quality Index	空气质量指数	AQI
Carbonate Carbon	碳酸盐碳	CC
Cyclohexane Diamine Tetraacetic Acid	1,2- 环己二胺四乙酸	CDTA
Methane	甲烷	CH_4
Benzene	苯	C_6H_6
Methylbenzene	甲苯	C_7H_8
Xylene	二甲苯	C_8H_{10}
Carbonic Oxide (Carbon Monoxide)	一氧化碳	CO
Carbon Dioxide	二氧化碳	CO_2
Elemental Carbon	元素碳	EC
Ethylene Diamine Tetraacetic Acid	乙二胺四乙酸	EDTA
Electron Ionization	电子轰击电离	EI
Electron Multiplier	电子倍增	EM
European Monitoring Evaluation Programme	欧洲监测与评估计划	EMEP
Flame Ionization Detector	火焰离子检测器	FID
Gas Chromatography	气相色谱	GC
Comprehensive two-dimensional Gas Chromatography	全二维气相色谱	GC × GC
Gas Chromatography-mass Spectrometer	气相色谱 - 质谱联用	GC-MS
Gas Chromatography-mass Spectrometer/ Flame Ionization Detector	气相色谱 - 质谱 / 火焰离子化检测	GC-MS/FID

英文	中文	英文缩略
Formaldehyde	甲醛	HCHO
High-performance Liquid Chromatography	高效液相色谱	HPLC
Individual Air Quality Index	空气质量分指数	IAQI
Indigodisulphonate	靛蓝二磺酸钠	IDS
3-Methyl-2-Benzothiazolinone Hydrazone Hydrochloride Monohydrate	酚试剂	MBTH
Mass Flow Controller	质量流量控制器	MFC
Mass Spectrometer	质谱仪	MS
Nitrogen	氮气	N_2
Ammonia	氨	NH_3
Nitrogen Dioxide	二氧化氮	NO_2
Ozone	臭氧	O_3
Organic Carbon	有机碳	OC
Photochemical Assessment Monitoring Stations	光化学评估监测站	PAMS
Peroxyacetyl Nitrate	过氧乙酰硝酸酯	PAN
Pyrolitic Carbon	热解碳	PC
Particulate Matter 2.5 Micrometers or less in Diameter	细颗粒物	$PM_{2.5}$
Particulate Matter 10 Micrometers or less in Diameter	可吸入颗粒物	PM_{10}
Particulate Organic Matter	颗粒有机物	POM
Pararosaniline	盐酸副玫瑰苯胺	PRA
pounds per square inch	磅/平方英寸（压力单位）	psi

英文	中文	英文缩略
Polytetrafluoroethylene	聚四氟乙烯	PTFE
standard cubic centimeter per minute	mL/min（标况下，流量单位）	sccm
Sulfur Hexafluoride	六氟化硫	SF_6
Selective Ion Monitoring	选择离子监测	SIM
Sulfur Dioxide	二氧化硫	SO_2
Secondary Organic Aerosol	二次有机气溶胶	SOA
Total Carbon	总碳	TC
Thermal Desorption	热脱附	TD
Tapered Element Oscillating Microbalance	锥形元件振荡微天平	TEOM
Total Ion Chromatogram	总离子流	TIC
Tetramethylsilane	三甲基硅烷	TMS
Thermal-Optical Transmittance	热光透射法	TOT
Thermal-Optical Reflectance	热光反射法	TOR
Total suspended particle	总悬浮颗粒物	TSP
Total volatile organic compounds	总挥发性有机物	TVOCs
Volatile organic compounds	挥发性有机物	VOCs
Total Organic Carbon	总有机碳	TOC
Chemical Oxygen Demand	化学需氧量	COD
Inorganic Carbon	无机碳	IC
Purge Organic Carbon	可吹扫有机碳	POC
Non-Purgeable Organic Carbon	不可吹扫有机碳	NPOC

英文	中文	英文缩略
Non-Dispersive Infrared Detector	非分散红外检测器	NDIR
Dissolved Organic Carbon	溶解性有机碳	DOC
Biochemical Oxygen Demand	生化需氧量	BOD
Chlorophyll a	叶绿素 a	Chla
Total Phosphorus	总磷	TP
Total Nitrogen	总氮	TN
Inductively Coupled Plasma Mass Spectrometry	电感耦合等离子体质谱	ICP-MS
Inductively Coupled Plasma Optical Emission Spectrometry	电感耦合等离子体发射光谱	ICP-OES
Total Dissolved Solids	总溶解固体	TDS
Most Probable Number	最可能数	MPN
Polycyclic Aromatic Hydrocarbon	多环芳烃	PAHs
Persistent Organic Pollutants	持久性有机污染物	POPs
Polychlorinated Biphenyls	多氯联苯	PCB
Composite Pollution Index	综合污染指数	CPI
Relative Pollution Equivalent	相对污染当量	RPE
Organochlorine Pesticides	有机氯农药	OCPs
Electron Capture Detector	电子捕获检测器	ECD